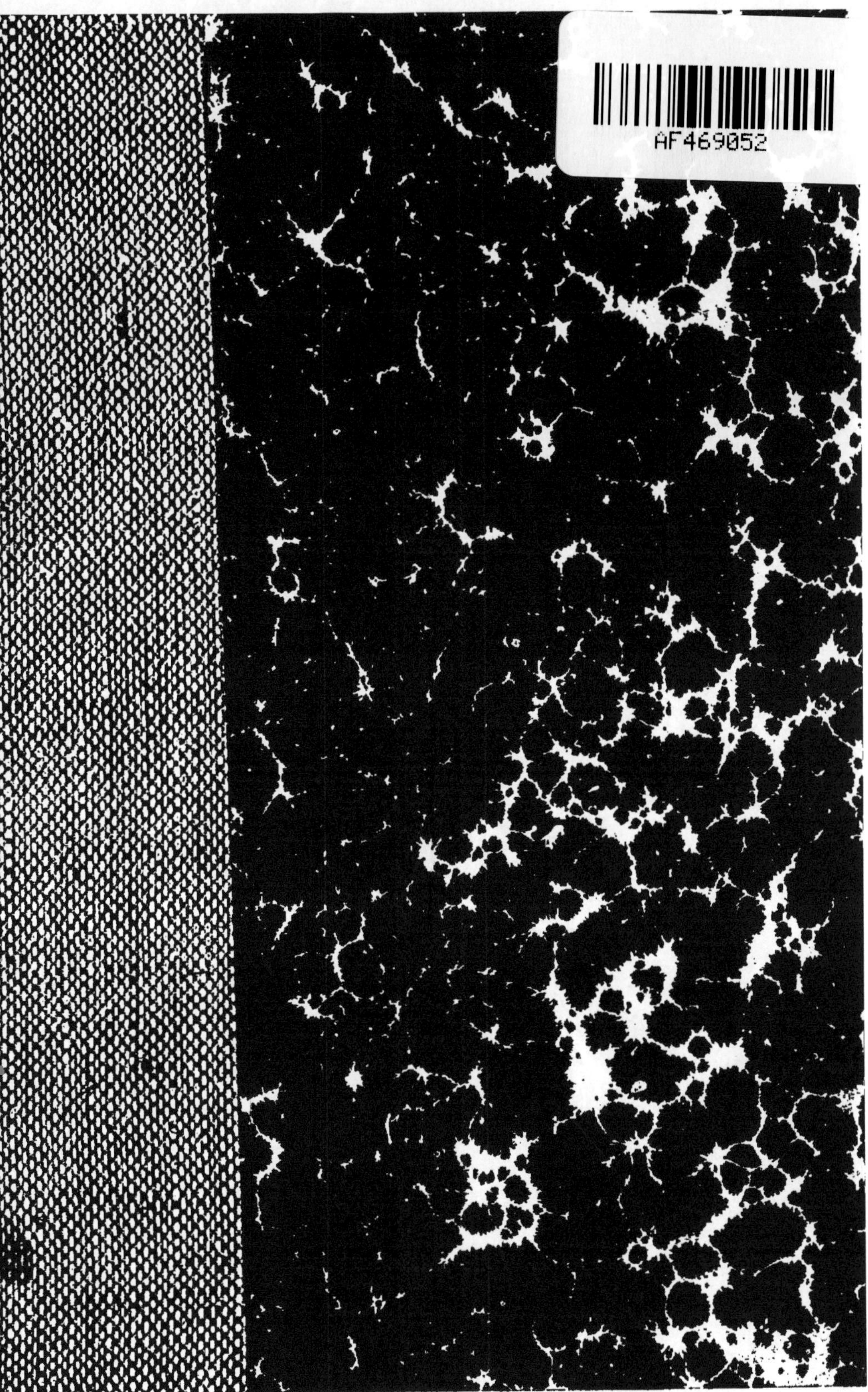
AF469052

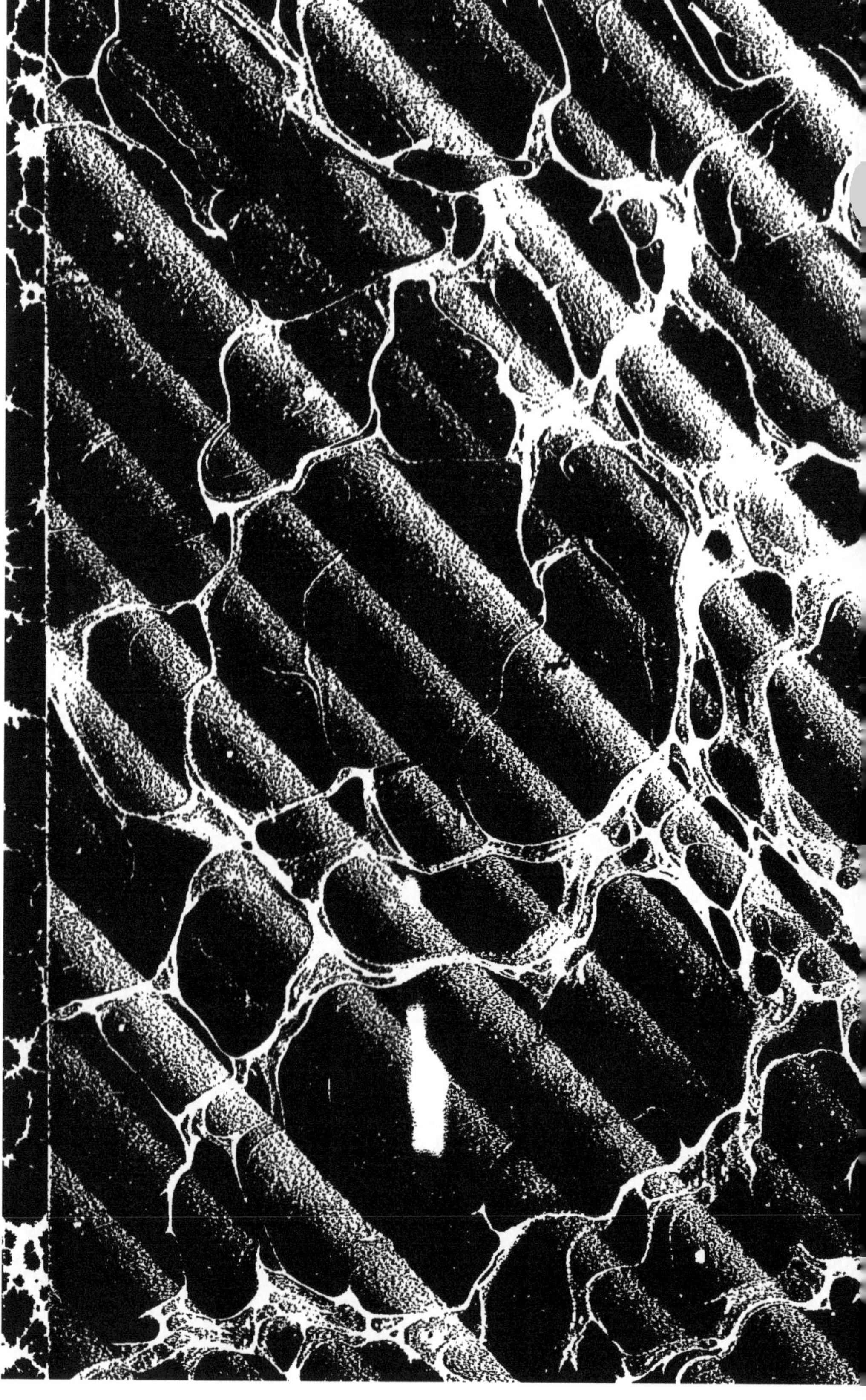

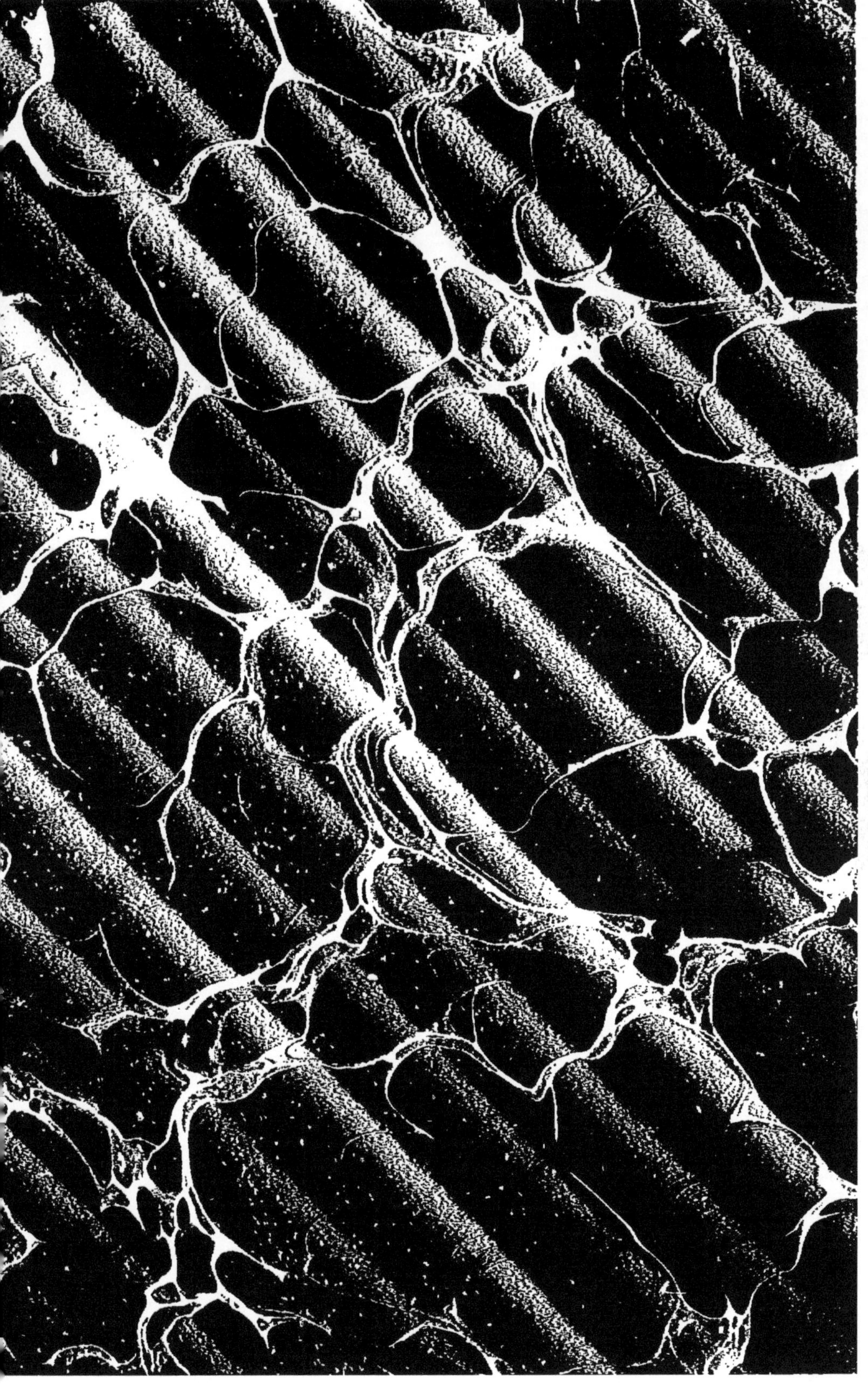

ACTUALITÉS SCIENTIFIQUES.

RAYONS « N »

RECUEIL DES COMMUNICATIONS

FAITES A L'ACADÉMIE DES SCIENCES,

PAR

R. BLONDLOT,

CORRESPONDANT DE L'INSTITUT,

PROFESSEUR A L'UNIVERSITÉ DE NANCY.

AVEC DES NOTES COMPLÉMENTAIRES

ET UNE INSTRUCTION

POUR LA CONFECTION DES ÉCRANS PHOSPHORESCENTS.

PARIS,

GAUTHIER-VILLARS, IMPRIMEUR-LIBRAIRE

DU BUREAU DES LONGITUDES, DE L'ÉCOLE POLYTECHNIQUE,

Quai des Grands-Augustins, 55.

1904

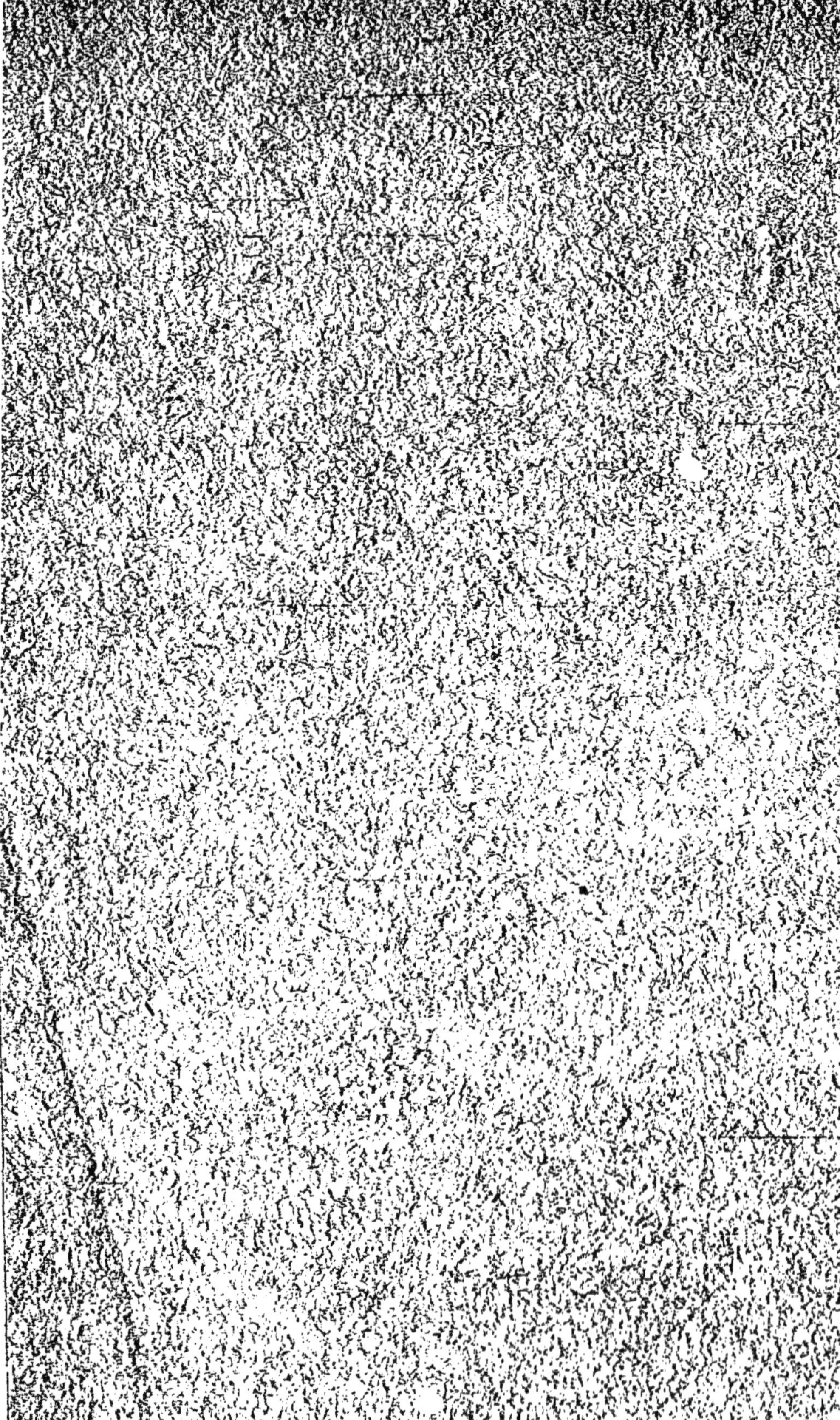

RAYONS « N ».

34715 PARIS. — IMPRIMERIE GAUTHIER-VILLARS,
Quai des Grands-Augustins, 55.

ACTUALITÉS SCIENTIFIQUES.

RAYONS « N »

RECUEIL DES COMMUNICATIONS FAITES A L'ACADÉMIE DES SCIENCES,

PAR

R. BLONDLOT,

CORRESPONDANT DE L'INSTITUT,
PROFESSEUR A L'UNIVERSITÉ DE NANCY.

AVEC DES NOTES COMPLÉMENTAIRES
ET UNE INSTRUCTION
POUR LA CONFECTION DES ÉCRANS PHOSPHORESCENTS.

PARIS,
GAUTHIER-VILLARS, IMPRIMEUR-LIBRAIRE
DU BUREAU DES LONGITUDES, DE L'ÉCOLE POLYTECHNIQUE.
Quai des Grands-Augustins, 55.

1904

AVERTISSEMENT.

Le présent Volume est formé de l'ensemble des Mémoires concernant les rayons N, communiqués à l'Académie des Sciences par M. R. Blondlot. Ces Mémoires ont été réimprimés tels qu'ils ont été publiés originairement dans les *Comptes rendus* de l'Académie; ils sont suivis de notes complémentaires destinées à élucider d'emblée pour le lecteur certains points sur lesquels la lumière n'a été apportée qu'à une période plus avancée de ces recherches, et à mettre au point quelques détails.

On ne s'étonnera pas de voir à la tête de ce Recueil un Mémoire : *Sur la polarisation des rayons* X; c'est, en effet, en étudiant les rayons X que l'auteur a reconnu l'existence des radiations toutes différentes auxquelles il a donné le nom de rayons N. Avant la distinction de ces deux espèces de radiations, il devait arriver forcément que l'on confondît les phénomènes dus aux unes et aux autres. En particulier, l'étude que l'auteur avait faite antérieurement concernant la vitesse de propagation des rayons X ([1]) s'applique en réalité, non aux rayons X, mais aux rayons N. Il avait trouvé une vitesse de propagation égale à celle des ondes hertziennes et, par conséquent, de la lumière. L'ensemble des propriétés des rayons N ne permettant pas de douter qu'ils ne soient une variété de la lumière, cette détermination de la vitesse n'est plus, à l'heure qu'il est, qu'une vérification d'un fait pour ainsi dire assuré. Malgré cela, cette vérification ne paraît pas absolument superflue; elle montre au moins que les expériences ont été bien faites.

([1]) *Comptes rendus*, t. CXXXV, p. 666, 721, 763.

RAYONS « N ».

> Ce qui fait avancer les Sciences, c'est le plus souvent un détail presque insensible, observé avec des instruments délicats, mesuré avec précision, contrôlé et poursuivi dans ses conséquences avec une logique patiente.... Le germe d'une idée, comme celui des êtres vivants, reste invisible jusqu'à ce qu'il trouve son terrain et débute comme eux, faible, débile et caché.
>
> J.-B. DUMAS.
>
> *Éloge de Faraday.*

Sur la polarisation des rayons X.

(2 FÉVRIER 1903) (**1**) [1].

Les tentatives faites jusqu'ici pour polariser les rayons X sont demeurées infructueuses. Je me suis demandé si les rayons X émis par un tube focus ne seraient pas déjà polarisés dès leur émission.

J'ai été conduit à me poser cette question en

[1] Les chiffres gras **1**, **2**, ... renvoient aux *Notes complémentaires*, page 70.

considérant que les conditions de dissymétrie nécessaires pour que ces rayons puissent être polarisés sont précisément remplies. En effet, chacun des rayons X naît d'un rayon cathodique; ces deux rayons déterminent un plan, et ainsi, par chacun des rayons X émis par le tube passe un plan dans lequel (ou normalement auquel) ce rayon peut avoir des propriétés particulières : c'est bien la dissymétrie qui correspond à la polarisation.

Maintenant, si cette polarisation existe, comment la reconnaître? Il m'est venu à la pensée qu'une petite étincelle, telle que celles dont je me suis servi dans mes recherches sur la vitesse de propagation des rayons X, pourrait peut-être jouer ici le rôle d'analyseur, attendu que les propriétés d'une étincelle peuvent être différentes dans la direction de sa longueur, d'une part, qui est aussi celle de la force électrique qui la produit, et suivant les directions normales à cette longueur, d'autre part. Partant de là, je disposai un appareil d'après le diagramme ci-dessous, afin d'obtenir une petite étincelle pendant l'émission des rayons X.

Un tube focus est relié à une bobine d'induction par les fils BH, B'H', recouverts de gutta-percha. Deux autres fils, également recouverts de gutta-percha, AI*c* et A'I*c'*, sont terminés en A et A' par deux boucles qui entourent respectivement BH et B'H'; un bout de tube de verre, non représenté sur la figure, maintient chacune des boucles séparée du fil qu'elle entoure. Les fils AI, A'I sont ensuite enroulés l'un sur l'autre et leurs extrémités *c* et *c'*, terminées en pointes, sont maintenues en regard l'une de l'autre à une très petite distance réglable à volonté, de manière à former un petit excitateur à étincelles. En vertu de cette disposition, l'influence électrostatique exercée par les fils BH et B'H' sur les boucles A et A' produit, à chaque courant de rupture de la bobine, une petite

Fig. 1.

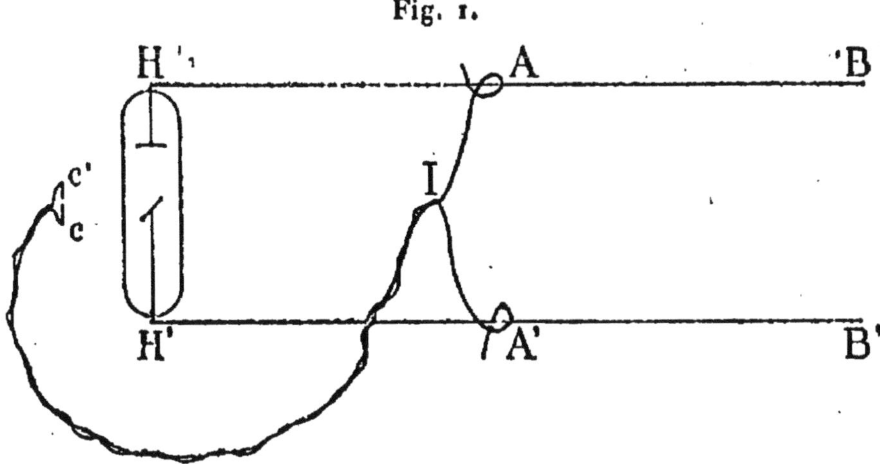

étincelle à la coupure *cc'*, en même temps que des rayons X sont émis par le tube. Grâce à la flexibilité des fils AI*c*, A'I*c'*, on peut orienter d'une manière quelconque la droite *cc'*, suivant laquelle l'étincelle jaillit. Une feuille carrée d'aluminium, ayant $0^m,40$ de côté, est interposée entre le tube et l'étincelle, de façon à empêcher toute influence directe des électrodes du tube sur *cc'*.

Afin de définir aisément les positions relatives

du tube et de l'étincelle *cc'*, prenons trois axes rectangulaires dont l'un, OZ, est vertical.

Assujettissons le tube focus de façon que sa longueur, et par conséquent aussi le faisceau cathodique, coïncide avec OY, l'anticathode étant placée vers l'origine et envoyant des rayons X sur les x positifs.

Plaçons la coupure *cc'* en un point de la partie positive de l'axe OX, de façon que sa direction soit parallèle à OY. L'étincelle étant convenablement réglée, on constate que les rayons X agissent sur elle en augmentant son éclat, car l'interposition d'une lame de plomb ou de verre la diminue manifestement.

Maintenant, sans changer la coupure de place, faisons-la tourner de façon à la rendre parallèle à OZ, c'est-à-dire normale aux rayons cathodiques. On constate alors que l'action des rayons X sur l'étincelle a disparu : le plomb ou le verre interposés n'en diminuent plus l'éclat.

Les rayons X ont donc un *plan d'action*, qui est celui qui passe par chaque rayon X et le rayon cathodique générateur. Si l'on donne à la coupure des orientations intermédiaires entre les deux précédentes, on voit l'action diminuer depuis la position horizontale jusqu'à la verticale.

Voici une autre expérience, plus frappante encore :

Si l'on fait tourner l'étincelle autour de OX

comme axe, parallèlement au plan YOZ, on voit l'étincelle passer d'un maximum d'éclat, quand elle est horizontale, à un maximum d'éclat, quand elle est verticale. Ces variations d'éclat sont pareilles à celles que l'on voit en observant un faisceau de lumière polarisée à travers un nicol que l'on fait tourner : la petite étincelle joue le rôle d'analyseur. Le faisceau de rayons X a la même dissymétrie qu'un faisceau de lumière polarisée : il a, suivant l'expression de Newton, des côtés différents les uns des autres; autrement dit, il est *polarisé,* en prenant ce mot dans son acception la plus large.

Le phénomène est aisément observable quand l'étincelle est bien réglée : il faut, pour cela, qu'elle soit extrêmement courte et faible.

Si l'on fait tourner le tube focus autour de son axe, lequel est parallèle aux rayons cathodiques, les phénomènes observés ne changent pas (tant que des rayons X atteignent la coupure). Le plan d'action est donc indépendant de l'orientation de l'anticathode : c'est toujours le plan qui passe par le rayon X et le rayon cathodique générateur.

L'étincelle étant disposée dans ce plan d'action, si l'on change son orientation dans ce plan, on constate que l'action qu'elle reçoit des rayons X est maximum quand elle leur est normale et nulle quand elle leur est parallèle (ou presque parallèle).

Maintenant, un rayon X et son rayon cathodique

générateur ne définissent un plan que si leurs directions sont différentes. Or, parmi les rayons X émis, il y en a dont la direction est la même à peu de chose près que celle des rayons cathodiques : ce sont ceux qui rasent la cathode. On doit s'attendre à les trouver très incomplètement polarisés; c'est, en effet, ce que j'ai reconnu à l'aide de la petite étincelle.

J'ai constaté plusieurs faits importants, que je ne ferai toutefois que mentionner aujourd'hui. Le quartz et le sucre en morceau font tourner le plan de polarisation des rayons X dans le même sens que celui de la lumière; j'ai obtenu des rotations de 40°.

Les rayons secondaires, dits *rayons* S, sont également polarisés. Les substances actives font tourner leur plan de polarisation en sens contraire de celui de la lumière; j'ai observé des rotations de 18° (2).

Il est extrêmement probable que la rotation magnétique existe aussi, tant pour les rayons X que pour les rayons S. On peut penser également que les propriétés de ces rayons relatives à la polarisation s'étendent aux rayons tertiaires, etc.

J'ai l'intention d'exposer incessamment les résultats auxquels je suis déjà parvenu concernant ces différents points.

Sur une nouvelle espèce de lumière.

(23 MARS 1903.)

Les radiations émises par un tube focus sont filtrées à travers une feuille d'aluminium ou un écran de papier noir, afin d'éliminer les rayons lumineux qui pourraient les accompagner. En étudiant ces radiations au moyen de leur action sur une petite étincelle, j'ai reconnu qu'elles présentent, dès leur émission, la polarisation rectiligne. J'ai constaté de plus que, lorsque ces radiations traversent une lame de quartz normale à l'axe, ou un morceau de sucre, leur plan d'action subit une rotation comme le plan de polarisation d'un faisceau de lumière ([1]).

Je me demandai alors si l'on obtiendrait aussi une rotation en faisant passer les radiations du tube focus à travers une pile de micas de Reusch; je constatai en effet une rotation de 25° à 30° dans le même sens que celle de la lumière polarisée. Cette action de la pile de micas me fit de suite penser qu'une seule lame de mica devait agir, et que cette action devait être la dépolarisation, ou plutôt la production de la polarisation elliptique; c'est en effet ce qui a lieu : l'interposition d'une lame de mica, orientée de façon que son axe fasse un angle de 45°

(1) *Voir* p. 5 et 6.

avec le plan d'action des radiations émises par le tube, détruit leur polarisation rectiligne, car leur action sur la petite étincelle demeure sensiblement la même quel que soit l'azimut de celle-ci. Si l'on interpose une seconde lame de mica, identique à la première, de façon que les axes des deux lames soient perpendiculaires l'un à l'autre, la polarisation rectiligne est rétablie; on peut également la rétablir en employant un compensateur de Babinet: par conséquent, on a bien affaire à la polarisation elliptique.

Maintenant, si la lame de mica change la polarisation rectiligne en polarisation elliptique, il faut que cette lame soit biréfringente pour les radiations qu'elle transforme ainsi. Mais, si la double réfraction existe, il faut, *a fortiori*, que la réfraction simple existe, et ainsi je fus conduit à examiner si, en dépit de toutes les tentatives infructueuses faites pour rechercher la réfraction des rayons X, je n'obtiendrais pas la déviation par un prisme. J'installai alors l'expérience suivante : un tube focus envoie à travers un écran d'aluminium un faisceau de rayons limité par deux fentes verticales pratiquées dans deux lames de plomb parallèles, épaisses de 3^{mm}. La petite étincelle est disposée à côté du faisceau, à une distance telle qu'elle ne puisse être atteinte, même pour la pénombre : on s'en assure en constatant que l'interposition d'une lame de plomb ne la diminue pas. Maintenant, interposons dans le faisceau un prisme équilatéral en quartz, l'arête réfringente du côté opposé à l'étincelle : si le prisme est convenablement orienté, l'étincelle devient beaucoup plus brillante; lorsque l'on enlève le prisme, l'étincelle redevient plus faible. Ce phénomène est bien dû à une réfraction, car, si l'on change l'orientation du prisme, ou si on le remplace par une lame de quartz à faces parallèles, on n'observe plus aucun effet. On peut encore faire l'expérience d'une autre manière : on fait d'abord tomber le faisceau sur l'étincelle, puis on le dévie à l'aide du prisme; on recherche alors le faisceau en déplaçant latéralement l'étincelle, et l'on trouve qu'il est dévié vers la base du prisme, comme dans le cas de la lumière.

La réfraction constatée, j'ai de suite essayé de concentrer les rayons au moyen d'une lentille de quartz. L'expérience réussit aisément; on obtient l'image de l'anticathode, extrêmement bien définie comme grandeur et comme distance par un plus grand éclat de la petite étincelle.

L'existence de la réfraction rendait celle de la réflexion régulière extrêmement probable. Celle-ci existe en effet : à l'aide d'une lentille de quartz, ou bien d'une lentille formée d'une enveloppe de corne très mince remplie d'essence de térébenthine, je produis un foyer conjugué de l'anticathode, puis j'intercepte le faisceau sortant par une lame de verre poli placée obliquement : j'obtiens alors un foyer exactement symétrique, par rapport au plan de réflexion, de celui qui existait avant son interposition. Avec une lame de verre dépoli, on n'a plus de réflexion régulière, mais on observe la diffusion.

Si l'on dépolit la moitié d'une lame de mica, la moitié polie laisse passer les radiations, et la moitié dépolie les arrête (3).

L'emploi d'une lentille permet de répéter les expériences de réfraction par le prisme dans des conditions beaucoup plus précises, en employant le dispositif de Newton pour obtenir un spectre pur.

De tout ce qui précède il résulte que les rayons que j'ai ainsi étudiés ne sont pas ceux de Röntgen, puisque ceux-ci n'éprouvent ni la réfraction, ni la réflexion. En fait, la petite étincelle révèle une nouvelle espèce de radiations émises par le tube focus : ces radiations traversent l'aluminium, le papier noir, le bois, etc.; elles sont polarisées rectilignement dès leur émission, sont susceptibles des polarisations rotatoire et elliptique, se réfractent, se réfléchissent, se diffusent, mais ne produisent ni fluorescence, ni action photographique.

J'ai cru reconnaître que, parmi ces rayons, il y en a dont l'indice dans le quartz est voisin de 2, mais il en existe probablement tout un spectre, car, dans les expériences de réfraction par un prisme, le faisceau dévié semble occuper une grande étendue angulaire. L'étude de cette dispersion reste à faire, ainsi que celle des longueurs d'onde.

En diminuant progressivement l'intensité du courant qui actionne la bobine d'induction, on obtient encore les nouveaux rayons, alors même que le tube ne produit plus aucune fluorescence et est lui-même absolument invisible dans l'obscurité; ils sont toutefois alors plus faibles. On peut aussi les obtenir d'une manière continue, à l'aide d'une machine électrique donnant quelques millimètres d'étincelle.

J'avais attribué précédemment aux rayons de Röntgen la polarisation, laquelle appartient en réalité aux nouveaux rayons; il était impossible d'éviter cette confusion avant d'avoir observé la réfraction, et ce n'est qu'après cette observation que j'ai pu reconnaître avec certitude que je n'avais pas affaire aux rayons de Röntgen, mais bien à une nouvelle espèce de lumière.

Il est intéressant de rapprocher ce qui précède de l'opinion émise par M. Henri Becquerel que, dans certaines de ses expériences, « des apparences identiques à celles qui donnent la réfraction et la réflexion totale de la lumière pourraient avoir été produites par des rayons lumineux ayant traversé l'aluminium (1) ».

---

(1) *Comptes rendus,* t. XXXII, 25 mars 1901, p. 739.

Sur l'existence, dans les radiations émises par un bec Auer, de rayons traversant les métaux, le bois, etc.

(11 mai 1903.)

Un tube focus émet, comme je l'ai constaté, certaines radiations analogues à la lumière, et susceptibles de traverser les métaux, le papier noir, le bois, etc. [1]. Parmi ces radiations, il en existe pour lesquelles l'indice de réfraction du quartz est voisin de 2. D'autre part, l'indice du quartz pour les rayons restants du sel gemme, découverts par le professeur Rubens, est 2,18. Cette ressemblance des indices m'a conduit à penser que les radiations que j'ai observées dans l'émission d'un tube focus pourraient bien être voisines des rayons de Rubens, et que, par suite, on pourrait peut-être les rencontrer dans l'émission d'un bec Auer, qui est la source de ces rayons. J'ai alors fait l'expérience suivante : un bec Auer est enfermé dans une sorte de lanterne en tôle de fer, close de toutes parts, à l'exception d'ouvertures destinées au passage de l'air et des gaz de la combustion et disposées de manière à ne laisser échapper aucune lumière; une fenêtre rectangulaire large de 4^{cm}, haute de $6^{cm},5$, pratiquée dans la tôle à la hauteur du manchon incandescent, est fermée par une

---

(1) *Voir* p. 6.

feuille d'aluminium épaisse d'environ $0^{mm},1$. La cheminée du bec Auer est en tôle de fer; une fente large de 2^{mm} et haute de $3^{cm},5$ y a été pratiquée vis-à-vis le manchon, de façon que le faisceau lumineux qui en sort soit dirigé sur la feuille d'aluminium. Hors de la lanterne, et devant la feuille d'aluminium, on place une lentille biconvexe en quartz ayant 12^{cm} de distance focale pour la lumière jaune, puis, derrière cette lentille, l'excitateur donnant de très petites étincelles, que j'ai décrit dans une Note précédente (¹) : l'étincelle est produite par une bobine d'induction extrêmement faible, munie d'un interrupteur tournant fonctionnant avec une très grande régularité.

La distance p de la lentille à la fente étant de $26^{cm},5$, on constate, à l'aide de la petite étincelle, l'existence d'un foyer d'une grande netteté à une distance $p' = 13^{cm},9$ environ : en ce point, en effet, l'étincelle prend un éclat notablement plus grand qu'aux points voisins, situés soit en avant ou en arrière, soit à gauche ou à droite, soit plus haut ou plus bas; la distance de ce foyer à la lentille peut être déterminée à 3^{mm} ou 4^{mm} près. L'interposition d'une lame de plomb ou de verre épais de 4^{mm} fait disparaître l'action sur l'étincelle. En faisant varier la valeur de p, on obtient d'autres valeurs de p', et en substituant ces valeurs dans l'équation des

(¹) *Voir* p. 1.

lentilles, on obtient pour l'indice la valeur 2,93, moyenne de déterminations aussi concordantes qu'on pouvait l'attendre du degré de précision des observations. Des expériences analogues, exécutées à l'aide d'une autre lentille de quartz ayant une distance focale principale de 33^{cm} pour les rayons jaunes, ont donné pour l'indice la valeur 2,942.

En poursuivant ces expériences, j'ai constaté l'existence de trois autres espèces de radiations, pour lesquelles l'indice du quartz a les valeurs respectives 2,62; 2,436; 2,29. Tous ces indices sont plus grands que 2, ce qui explique le fait suivant : en plaçant sur le trajet des rayons sortant de la lentille un prisme de quartz dont l'angle réfringent est de 30°, disposé de façon à recevoir ces rayons dans une direction sensiblement normale à l'une des faces réfringentes, on n'obtient pas de faisceau réfracté.

Les radiations émises par un bec Auer à travers une lame d'aluminium sont réfléchies par une lame de verre poli suivant les lois de la réflexion régulière, et sont diffusées par une lame de verre dépoli.

Ces radiations traversent toutes les substances dont j'ai essayé la transparence, à l'exception du sel gemme, sous une épaisseur de 3^{mm} (**4**); du plomb, sous une épaisseur de $0^{mm},2$; du platine, sous une épaisseur de $0^{mm},4$, et de l'eau. Une

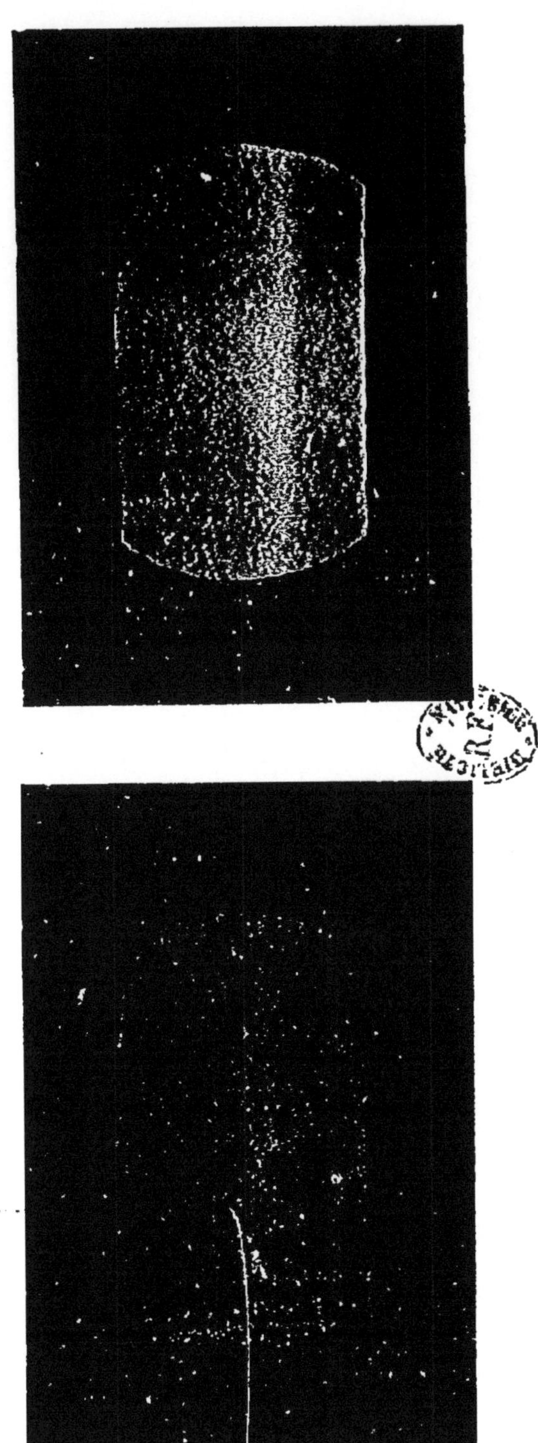

B.

feuille de papier à cigarettes, qui est complètement transparente quand elle est sèche, devient absolument opaque lorsqu'elle est imbibée d'eau. La figure ci-contre reproduit les impressions faites en 40 secondes sur une plaque sensible, sans appareil photographique, avant et après que la feuille de papier interposée entre la lentille et l'étincelle eût été mouillée : la photogravure, faite d'après un tirage sur papier, montre que dans le premier cas l'étincelle est notablement plus éclatante.

Ces impressions photographiques sont produites par la petite étincelle, modifiée par les rayons, et non par les rayons eux-mêmes : ceux-ci n'ont produit aucun effet photographique appréciable au bout d'une heure de pose.

Parmi les corps traversés, je citerai le papier d'étain, des feuilles de cuivre et de laiton de $0^{mm},2$ d'épaisseur, une lame d'aluminium de $0^{mm},4$, une lame d'acier de $0^{mm},05$, une lame d'argent de $0^{mm},1$, un cahier de papier contenant 21 feuilles d'or, une lame de verre de $0^{mm},1$, une lame de mica de $0^{mm},15$, une plaque de spath d'Islande de 4^{mm}, une plaque de paraffine de 1^{cm}, une planche de hêtre de 1^{cm}, une lame de caoutchouc noir de 1^{mm}, etc. La fluorine est peu transparente sous une épaisseur de 5^{mm}, de même le soufre sous une épaisseur de 2^{mm}, et le verre sous celle de 1^{mm}. Je ne donne tous ces résultats que comme une première indication, car on n'a pas tenu compte, pour les obtenir, de la coexistence de quatre espèces de radiations dont les propriétés peuvent être différentes (5).

Il sera d'un haut intérêt de rechercher si d'autres sources, et en particulier le Soleil, n'émettent pas des radiations analogues à celles qui font l'objet de la présente Note, et aussi si celles-ci ne produisent pas d'action calorifique (6).

Maintenant, ces radiations doivent-elles être, en réalité, considérées comme voisines des radiations à très grandes longueurs d'onde découvertes par le professeur Rubens? Leur origine commune dans l'émission d'un bec Auer est favorable à cette opinion; l'opacité du sel gemme et de l'eau l'est aussi. Mais, d'autre part, la transparence pour les rayons du bec Auer des métaux et d'autres substances opaques pour les rayons de Rubens constitue une différence, en apparence radicale, entre les deux espèces de radiations (7).

Sur de nouvelles sources de radiations susceptibles de traverser les métaux, le bois, etc., et sur de nouvelles actions produites par ces radiations.

(25 MAI 1903.)

En recherchant si des radiations analogues à celles dont j'ai signalé récemment l'existence dans l'émission d'un bec Auer [1] ne se rencontreraient

[1] *Voir* p. 12.

pas aussi dans celles d'autres sources de lumière et de chaleur, j'ai constaté les faits suivants. La flamme d'un bec de gaz annulaire émet de ces radiations; il convient toutefois d'enlever la cheminée, à cause de l'absorption du verre. Un bec Bunsen n'en produit pas sensiblement. Une feuille de tôle, une lame d'argent chauffée au rouge naissant à l'aide d'un bec Bunsen placé par derrière en fournissent à peu près autant que le bec Auer.

Une lame d'argent polie fut disposée de façon que son plan fît un angle de 45° avec le plan horizontal. Cette lame ayant été portée au rouge cerise à l'aide d'un bec Bunsen, sa face supérieure émettait des rayons analogues à ceux du bec Auer : un faisceau horizontal de ces radiations, après avoir traversé deux feuilles d'aluminium d'une épaisseur totale de $0^{mm},3$, des feuilles de papier noir, etc., était concentré par une lentille de quartz; à l'aide de la petite étincelle, on constatait l'existence de quatre régions focales. Je constatai en outre que l'action sur l'étincelle était beaucoup plus grande quand celle-ci était orientée verticalement, c'est-à-dire dans le plan d'émission, que lorsqu'elle était normale à ce plan : les nouvelles radiations émises par la lame polie sont donc polarisées comme le sont la lumière et la chaleur qu'elle émet en même temps. La lame d'argent ayant été recouverte de noir de fumée, l'intensité de l'émission augmenta, mais la polarisation disparut.

Ce qui précède conduit à penser que l'émission de radiations susceptibles de traverser les métaux, etc., est un phénomène extrêmement général. Observé d'abord dans l'émission d'un tube focus, il s'est aussi rencontré dans celle des sources ordinaires de lumière et de chaleur. Afin d'abréger le langage, je désignerai dorénavant ces radiations par le nom de *rayons* N [1]. Je ferai remarquer que ces rayons N comprennent une très grande variété de radiations : tandis, en effet, que celles qui proviennent d'un bec Auer ont des indices plus grands que 2, il en est, parmi celles qu'émet un tube de Crookes, dont l'indice est inférieur à 1,52, car si l'on fait tomber un faisceau de ces rayons sur un prisme équilatéral en quartz, parallèlement aux arêtes et normalement à l'une des faces, on obtient un faisceau émergent très étalé.

Jusqu'ici, le seul moyen de déceler la présence de rayons N était leur action sur une petite étincelle. Je me suis demandé si cette étincelle devait être envisagée ici comme un phénomène électrique, ou seulement comme produisant l'incandescence d'une petite masse gazeuse. Si cette dernière supposition était exacte, on pouvait remplacer l'étin-

---

[1] Du nom de la ville de Nancy : c'est à l'Université de Nancy que ces recherches ont été faites. Pour me conformer à un usage qui s'est établi, j'emploie maintenant la lettre N au lieu de la lettre *n* que j'avais d'abord adoptée.

celle par une flamme. J'ai alors produit une toute petite flamme de gaz à l'extrémité d'un tube de métal percé d'un orifice très fin : cette flamme était entièrement bleue. J'ai constaté qu'elle peut, comme la petite étincelle, servir à déceler la présence des rayons N : comme celle-ci, quand elle reçoit ces rayons, elle devient plus lumineuse et plus blanche. Les variations de son éclat permettent de trouver quatre foyers dans un faisceau ayant traversé une lentille de quartz; ces foyers sont les mêmes que ceux que montre la petite étincelle. La petite flamme se comporte donc vis-à-vis des rayons N tout comme l'étincelle, sauf qu'elle ne permet pas de constater leur état de polarisation.

Afin d'étudier plus aisément les variations d'éclat, tant de la flamme que de l'étincelle, je les examine à travers un verre dépoli fixé à environ 25^{mm} ou 30^{mm} de celles-ci : on a ainsi, au lieu d'un point brillant très petit, une tache lumineuse d'environ 2^{cm} de diamètre, d'un éclat beaucoup moindre, et dont l'œil apprécie mieux les variations.

L'action d'un corps incandescent sur une flamme, ou celle d'une flamme sur une autre, est certainement un phénomène courant : si jusqu'ici il était resté inaperçu, c'est parce que la lumière de la source empêchait de constater les variations d'éclat de la flamme réceptrice.

Tout récemment, j'ai constaté un autre effet des rayons N. Ces rayons sont, il est vrai, incapables d'exciter la phosphorescence dans les corps susceptibles d'acquérir cette propriété par l'action de la lumière; mais lorsqu'un tel corps, du sulfure de calcium par exemple, a préalablement été rendu phosphorescent par l'insolation, si l'on vient à l'exposer aux rayons N, en particulier à l'un des foyers produits par une lentille de quartz, on voit l'éclat de la phosphorescence augmenter notablement; ni la production, ni la cessation de cet effet ne semblent absolument instantanées. C'est parmi les actions qui produisent les rayons N la plus facile à constater; l'expérience est très aisée à installer et à répéter. Cette propriété des rayons N est analogue à celle des rayons rouges et infra-rouges qui a été découverte par Edmond Becquerel; elle est analogue aussi à l'action de la chaleur sur la phosphorescence; toutefois, je n'ai pas constaté jusqu'ici l'épuisement plus rapide de la capacité phosphorescente sous l'action des rayons N (¹).

La parenté des rayons N avec les radiations connues de grandes longueurs d'onde semble certaine. Comme, d'autre part, la faculté qu'ont ces rayons de traverser les métaux les différencie de tous ceux qui sont connus, il est très probable

---

(¹) *Voir* p. 65.

qu'ils sont compris dans les cinq octaves de la série de radiations qui restent inexplorées entre les rayons de Rubens et les ondulations électromagnétiques à très courtes longueurs d'onde; c'est ce que je me propose de vérifier (8).

Sur l'existence de radiations solaires capables de traverser les métaux, le bois, etc.

(15 JUIN 1903.)

J'ai reconnu récemment que la plupart des sources artificielles de lumière et de chaleur émettent des radiations capables de traverser les métaux et un grand nombre de corps opaques pour les radiations spectrales connues jusqu'ici ([1]). Il importait de rechercher si des radiations analogues aux précédentes (que, pour abréger, j'appelle *rayons* N) sont également émises par le Soleil.

Comme je l'ai indiqué, les rayons N agissent sur les substances phosphorescentes en avivant la phosphorescence préexistante, action analogue à celle des rayons rouges et infra-rouges, découverte par Edmond Becquerel ([2]). J'ai utilisé ce phénomène pour rechercher si le Soleil nous envoie des rayons N.

Une chambre complètement close et obscure a

([1]) *Voir* p. 17.
([2]) *Voir* p. 65.

une fenêtre exposée au Soleil; cette fenêtre est fermée par des panneaux intérieurs pleins, en bois de chêne, ayant 15mm d'épaisseur. Derrière l'un de ces panneaux, à une distance quelconque, 1m par exemple, on place un tube de verre mince contenant une substance phosphorescente, du sulfure de calcium par exemple, préalablement faiblement insolée. Si maintenant, sur le trajet des rayons du Soleil qui sont supposés atteindre le tube à travers le bois, on interpose une lame de plomb ou même simplement la main, même à une grande distance du tube, on voit l'éclat de la phosphorescence diminuer; si l'on enlève l'obstacle, l'éclat reparaît. L'extrême simplicité de cette expérience engagera, je l'espère, beaucoup de personnes à la répéter. La seule précaution à prendre est d'opérer avec une phosphorescence préalable peu intense (9); il est avantageux de disposer à demeure une feuille de papier noir de façon que l'interposition de l'écran ne change pas le fond sur lequel on voit le tube. Les variations d'éclat sont surtout faciles à saisir vers les contours de la tache lumineuse formée par le corps phosphorescent sur le fond sombre : quand on intercepte les rayons N, ces contours perdent leur netteté; quand on enlève l'écran, ils la reprennent. Toutefois ces variations d'éclat ne semblent pas instantanées. L'interposition entre le volet et le tube de plusieurs plaques d'aluminium, de carton, d'un madrier de chêne de 3^{cm} d'épaisseur n'empêche pas le phénomène; toute possibilité d'une action de la chaleur rayonnante proprement dite est, par conséquent, exclue. Une mince couche d'eau arrête entièrement les rayons; de légers nuages passant sur le Soleil diminuent considérablement leur action.

Les rayons N émis par le Soleil peuvent être concentrés par une lentille de quartz : à l'aide de la substance phosphorescente on constate l'existence de plusieurs foyers; je n'ai pas encore déterminé leurs positions avec assez de précision pour en parler ici. Les rayons N du Soleil subissent la réflexion régulière par une lame de verre polie, et sont diffusés par une lame dépolie.

De même que les rayons N émis par un tube de Crookes, par une flamme, ou par un corps incandescent, ceux qui proviennent du Soleil agissent sur une petite étincelle et sur une petite flamme en augmentant leur éclat. Ces phénomènes sont aisément observables, surtout si l'on fait usage d'un verre dépoli interposé, comme je l'ai indiqué dans une Note précédente. L'emploi de la petite flamme est de beaucoup le procédé le plus commode et le plus précis pour déterminer la position des foyers : il est plus difficile d'opérer avec la petite étincelle, parce qu'elle est rarement bien régulière.

Je me fais un devoir de reproduire ici textuellement un passage d'une lettre que M. Gustave Le Bon m'a fait l'honneur de m'écrire :

M. Gustave Le Bon avait indiqué, il y a déjà 7 ans, que les flammes émettent, en dehors des émanations radioactives constatées par lui ensuite, des radiations de grandes longueurs d'onde capables de traverser les métaux et auxquelles il avait donné le nom de *lumière noire;* mais, tout en leur assignant une place entre la lumière et l'électricité, il n'avait pas mesuré exactement leur longueur d'onde, et le moyen qu'il employait pour révéler leur présence était fort incertain.

Ce moyen était la photographie; je n'ai pu moi-même obtenir aucun effet photographique des rayons que j'ai étudiés ([1]).

Sur une nouvelle action produite par les rayons N et sur plusieurs faits relatifs à ces radiations.

(20 JUILLET 1903.)

L'action des rayons N sur une petite flamme me donna l'idée d'essayer s'ils n'exerceraient pas une action analogue sur un corps solide incandescent. A cet effet, un fil de platine, d'environ $0^{mm},1$ de diamètre et 15^{mm} de longueur, fut porté au rouge sombre par un courant électrique. Sur ce fil, on dirigea un faisceau de rayons N émis par un bec

---

([1]) *Voir* p. 15.

Auer à travers des écrans de bois et d'aluminium et concentrés par une lentille de quartz. On observait le fil à travers un verre dépoli fixé au même support que lui, à environ 3^{cm} en avant. En déplaçant le fil, on trouve une série de foyers, comme avec les autres procédés propres à déceler les rayons N. Le fil étant placé à l'un de ces foyers, lorsque l'on interpose un écran de plomb, ou simplement la main, sur le trajet des rayons N, on voit la tache lumineuse formée sur le verre dépoli diminuer d'éclat; lorsque l'on enlève ces obstacles, la tache reprend son premier éclat. Ces actions ne semblent pas instantanées.

J'ai généralisé les expériences précédentes en employant, au lieu d'un fil chauffé par un courant électrique, une lame de platine de $0^{mm},1$ d'épaisseur, inclinée de 45° sur le plan horizontal, portée partiellement au rouge sombre par une petite flamme de gaz placée au-dessous. Un faisceau horizontal de rayons N concentrés par une lentille était dirigé sur la face inférieure de la lame, de façon à produire un foyer à l'endroit chauffé; on observait la tache incandescente sur la face supérieure, sans interposition d'un verre dépoli. Les variations d'éclat sont exactement analogues à celles du fil. En observant, à travers un verre dépoli, l'intensité de l'éclairement produit sur la face inférieure de la lame de platine par l'ensemble de la tache incandescente de la lame et de la flamme, on constate des variations toutes pareilles. On obtient encore les mêmes résultats si, au lieu de faire tomber les rayons N sur la face inférieure de la lame, par conséquent du côté où se trouve la flamme destinée à l'échauffer, on les dirige sur la face supérieure.

Les différents effets produits par les rayons N : action sur l'étincelle, sur la flamme, sur la phosphorescence, sur l'incandescence, conduisaient à penser que ces rayons pouvaient agir en échauffant les corps qui leur sont soumis. Pour soumettre cette question à l'expérience, j'installai une pile thermo-électrique de Rubens reliée à un galvanomètre à cuirasse. L'action des rayons N sur cet appareil a été absolument nulle, même dans les conditions les plus favorables, bien qu'une bougie placée à 12^m de la pile donnât une déviation de $0^{mm},5$ environ de l'échelle ; j'ai opéré tant avec les rayons N provenant d'un bec Auer qu'avec ceux du Soleil, le 3 juillet dernier, à l'heure de midi : les rayons N étaient très intenses, car, en plaçant devant la pile un tube contenant du sulfure de calcium faiblement insolé, son éclat était de beaucoup augmenté et diminuait par l'interposition d'un écran de plomb ou de la main. M. H. Rubens a fait la même constatation, comme il a eu l'obligeance de me l'écrire ; son appareil était encore beaucoup plus sensible que le mien. J'ai cru néanmoins utile de rechercher directement si le fil de platine incandescent ne s'échaufferait pas sous l'action des rayons N. Pour cela, j'ai eu recours à l'étude de sa résistance électrique. Le courant qui parcourt le fil est produit par 5 accumulateurs; à l'aide de rhéostats très résistants, on règle l'intensité de façon que le fil de platine soit rouge sombre. Ce fil est tendu entre deux pinces massives de laiton A et B, qui sont reliées aux bornes d'un électromètre capillaire; sur l'un des fils de communication est intercalée une force électromotrice, réglable à volonté, produite par dérivation du circuit d'une pile auxiliaire; cette force électromotrice est réglée de façon que l'électromètre soit au zéro. Toute variation de la résistance du fil de platine produit une déviation de l'électromètre. Or, les rayons N ayant été dirigés sur le fil, on n'observa aucune déviation du ménisque; l'interposition d'un écran de plomb ou d'un papier mouillé restait sans aucun effet sur l'électromètre, bien que l'éclat du fil éprouvât les variations accoutumées. Cela vérifie bien que les rayons N n'élèvent pas sa température. Je me suis, du reste, assuré que la méthode était suffisamment sensible par les expériences suivantes. A l'aide d'un rhéostat à fil, un aide faisait varier la résistance du circuit comprenant le fil de platine et les accumulateurs, et, par là, l'intensité du courant, mais pas assez toutefois pour que l'observateur aperçût une variation de l'éclat du fil; malgré cela, l'électromètre était dévié de 3 divisions du micromètre oculaire. Voici encore un autre contrôle : une élévation de 1° de la température du fil changerait sa résistance dans le rapport $\frac{1,004}{1}$ environ; la différence entre les potentiels de A et de B changerait dans le même rapport, puisque, la résistance extérieure au fil étant très grande, l'intensité ne change pas; dans mes expériences, cette variation dévierait l'électromètre de 15 divisions. Comme on ne constatait absolument aucune déviation, et que l'on eût d'ailleurs pu apprécier aisément $\frac{1}{4}$ de division, l'élévation de température était certainement très inférieure à $\frac{1}{15} \times \frac{1}{4} = \frac{1}{60}$ de degré et, par conséquent, tout à fait insuffisante pour produire l'augmentation d'éclat observée. Il est ainsi surabondamment établi que l'augmentation d'éclat produite par les rayons N n'est pas due à une élévation de température.

Dans les expériences sur une lame de platine qui ont été décrites plus haut, l'augmentation d'éclat se montrait sur les *deux faces* de la lame. Étant donné qu'il n'y a pas d'élévation de température, ce fait semble paradoxal : comme, en effet, les rayons N ne traversent pas le platine, il semblait qu'il ne dût y avoir d'action que sur la face de la lame qui leur est exposée. Pour tout concilier, il fallait supposer que les rayons N, qui ne traversent pas le platine froid, traversent le platine incandescent. J'ai alors repris l'appareil destiné à montrer l'action des rayons N sur une petite flamme, puis, derrière la lentille de quartz, j'ai disposé une lame de platine plus grande que la lentille. L'interposition d'un écran de plomb *entre le platine et la source* ne produisait aucun effet sur la petite flamme, ce qui vérifie l'opacité du platine. La lame de platine ayant été ensuite portée au rouge, on constata que l'interposition de l'écran de plomb diminuait l'éclat de la petite flamme : les rayons N issus du bec Auer traversent donc le platine incandescent.

Sur de nouvelles actions produites par les rayons N : généralisation des phénomènes précédemment observés.

(2 NOVEMBRE 1903.)

Lorsque l'on dirige un faisceau de rayons N, soit sur une petite étincelle électrique, soit sur une petite flamme, soit sur une substance phosphorescente préalablement insolée, ou encore sur une lame de platine portée au rouge sombre, on voit la lumière émise par ces différentes sources augmenter d'éclat. Dans ces expériences, on opère sur des sources émettant spontanément de la lumière; je me suis demandé si l'on ne pourrait pas les généraliser en employant un corps n'émettant pas de lumière par lui-même, mais renvoyant celle qui lui vient d'une soure extérieure. J'ai en conséquence fait l'expérience suivante : une bande de papier blanc, longue de 15^{mm} et large de 2^{mm}, est fixée verticalement à un support en fil de fer; l'obscurité étant faite dans la salle, on éclaire faiblement la bande de papier en projetant sur elle latéralement un faisceau de lumière émis par une petite flamme renfermée dans une boîte percée d'une fente verticale.

D'autre part, les rayons N sont produits à l'aide du dispositif suivant : un bec Auer, muni d'une cheminée en tôle dans laquelle a été pratiquée une ouverture rectangulaire de 60^{mm} de hauteur et de 25^{mm} de largeur, est enfermé dans une lanterne en tôle percée d'une fenêtre faisant face à l'ouverture de la cheminée, et obturée par une feuille d'aluminium. Devant cette fenêtre on place la petite bande de papier, éclairée comme il a été dit. Si maintenant on intercepte les rayons en interposant une lame de plomb ou la main, on voit le petit rectangle de papier s'assombrir, et ses contours perdre leur netteté; l'éloignement de l'écran fait reparaître l'éclat et la netteté : la lumière diffusée par la bande de papier est donc accrue par l'action des rayons N.

L'idée suivante se présenta alors : la diffusion de la lumière est un phénomène complexe dans lequel le fait élémentaire est la réflexion régulière, et, par conséquent, il y a lieu de rechercher si la réflexion de la lumière ne serait pas modifiée par l'action des rayons N. A cet effet, une aiguille à tricoter en acier poli fut assujettie verticalement à la place de la bande de papier de l'expérience précédente ; d'autre part, dans une boîte complètement close, à l'exception d'une fente verticale pratiquée à la hauteur du bec Auer, et obturée par un papier transparent, une flamme était disposée de manière à éclairer la fente. En plaçant convenablement l'œil et la fente, on voit l'image de celle-ci formée par la réflexion sur le cylindre d'acier; la surface réfléchissante reçoit en même temps les rayons N. Il fut alors facile de constater que l'action de ces rayons renforce l'image, car, si l'on vient à les intercepter, cette image s'assombrit et devient rougeâtre. J'ai répété cette expérience avec le même succès en employant, au lieu de l'aiguille à tricoter, un miroir plan en bronze.

On obtient encore le même résultat en faisant réfléchir la lumière sur une face polie taillée dans un bloc de quartz; toutefois, quand les rayons N tombent normalement sur la face réfringente, leur action sur la lumière réfléchie disparaît, quelle que soit l'incidence de celle-ci, soit que cette action devienne nulle, soit qu'elle devienne seulement inappréciable. Pour que la lumière réfléchie par le quartz soit renforcée par les rayons N, il n'est pas nécessaire que ceux-ci soient dirigés de l'extérieur vers l'intérieur du quartz : cette action a encore lieu lorsque les rayons N traversent la surface réfléchissante de dedans en dehors.

Toutes ces actions des rayons N sur la lumière exigent un temps appréciable pour se produire et pour disparaître.

Je n'ai pu, en variant l'expérience d'un grand nombre de manières, constater aucune action des rayons N sur la lumière réfractée.

Je ferai ici la remarque générale suivante concernant l'observation des rayons N. L'aptitude à saisir de faibles variations d'intensité lumineuse varie beaucoup d'une personne à une autre : certaines personnes voient du premier coup et sans aucune difficulté le renforcement que les rayons N produisent dans l'éclat d'une petite source lumineuse; pour d'autres, ces phénomènes sont presque à la limite de ce qu'elles peuvent distinguer, et ce n'est qu'après un certain temps d'exercice qu'elles parviennent à les saisir couramment et à les observer en toute sûreté. La petitesse de ces effets et la délicatesse de leur observation ne doivent pas nous arrêter dans une étude qui nous met en possession de radiations restées jusqu'ici inconnues. J'ai constaté récemment que le bec Auer peut être remplacé avantageusement par la lampe Nernst, sans verre, qui donne des rayons N plus intenses : avec une lampe de 200 watts les phénomènes sont assez forts pour être, à ce que je crois, aisément visibles d'emblée par tous les yeux.

Sur l'emmagasinement des rayons N par certains corps.

(9 NOVEMBRE 1903.)

Au cours de recherches sur les rayons N, j'ai eu l'occasion de constater un fait très remarquable. Des rayons N, produits par un bec Auer enfermé dans une lanterne, traversaient d'abord l'une des parois, formée d'une feuille d'aluminium, de cette lanterne, puis étaient concentrés à l'aide d'une lentille en quartz sur du sulfure de calcium phosphorescent (¹). Le bec Auer ayant été éteint et enlevé, l'éclat de la phosphorescence demeura, à ma grande surprise, presque aussi intense qu'auparavant, et, si l'on interposait un écran de plomb ou de papier mouillé, ou la main, entre la lanterne et le sulfure, celui-ci s'assombrissait : rien n'était changé par la suppression du bec Auer, sauf que les actions observées s'affaiblissaient progressive-

(¹) Ce sulfure était fortement tassé dans une fente pratiquée dans une feuille de carton épaisse de $0^{mm},8$; la largeur de la fente est de $0^{mm},5$; sa longueur est 15^{mm}. On obtient ainsi, après insolation, une petite source lumineuse très sensible aux rayons N.

ment. Au bout de 20 minutes, elles existaient encore, mais étaient à peine sensibles.

En étudiant de près les circonstances du phénomène, je ne tardai pas à reconnaître que la lentille en quartz était devenue elle-même une source de rayons N; lorsque, en effet, on enlevait cette lentille, toute action sur le sulfure disparaissait, tandis que, si on l'approchait, même latéralement, le sulfure devenait plus lumineux. Je pris alors une lame de quartz épaisse de 15^{mm}, sa surface formant un carré de 5^{cm} de côté; j'exposai cette lame aux rayons N émis par un bec Auer à travers deux feuilles d'aluminium et du papier noir. Elle devint active comme la lentille : lorsqu'on l'approchait du sulfure, il semblait, suivant l'expression de M. Bichat, que l'on écartât un voile qui l'assombrissait. On obtint un effet encore plus marqué en interposant la lame de quartz entre la source et le sulfure, tout près de ce dernier.

Dans ces expériences, l'émission secondaire par le quartz s'ajoute aux rayons N émanés directement de la source. Cette émission secondaire a bien son siège dans toute la masse du quartz, et non pas seulement à sa surface, car, si l'on place successivement plusieurs lames de quartz l'une sur l'autre, on voit l'effet augmenter à chaque lame ajoutée. Le spath d'Islande, le spath fluor, la barytine, le verre, etc. se comportent comme le quartz. Le filament d'une lampe Nernst reste actif pendant plusieurs heures après que la lampe a été éteinte.

Une pièce d'or, approchée latéralement du sulfure soumis aux rayons N, augmente son éclat (**10**); le plomb, le platine, l'argent, le zinc, etc. produisent les mêmes effets. Ces actions persistent après l'extinction des rayons N, comme dans le cas du quartz; toutefois, la propriété d'émettre des rayons secondaires ne pénètre que lentement dans le sein d'une masse métallique : ainsi, si l'une des faces d'une lame de plomb épaisse de 2^{mm} a été exposée aux rayons N pendant quelques minutes, cette face seule est devenue active; une exposition de plusieurs heures est nécessaire pour que l'activité atteigne la face opposée.

L'aluminium, le bois, le papier sec ou mouillé, la paraffine ne jouissent pas de la propriété d'emmagasiner les rayons N. Le sulfure de calcium la possède : ayant enfermé une dizaine de grammes de ce sulfure dans une enveloppe de lettre, puis ayant exposé cette enveloppe aux rayons N, je constatai que son voisinage suffisait pour renforcer la phosphorescence d'une petite masse de sulfure préalablement insolée. Cette propriété explique une particularité constante que j'ai signalée antérieurement, à savoir que l'augmentation de la phosphorescence par l'action des rayons N met un temps appréciable tant pour se produire que pour disparaître. Grâce, en effet, à l'emmagasinement des rayons N, les différentes portions d'une masse de sulfure renforcent mutuellement leur phosphorescence; mais, comme, d'une part, l'emmagasinement est progressif, ainsi que je l'ai constaté directement, et comme, d'autre part, la provision emmagasinée ne s'épuise pas instantanément, il en résulte que, lorsque l'on fait tomber des rayons N sur du sulfure phosphorescent, leur effet doit croître lentement, et que, lorsqu'on les supprime, leur effet ne peut s'éteindre que progressivement ([1]).

Des cailloux ramassés vers 4^h de l'après-midi, dans une cour où ils avaient reçu les radiations solaires, émettaient spontanément des rayons N : il suffisait de les approcher d'une petite masse de sulfure phosphorescent pour en augmenter l'éclat. Des fragments de pierre calcaire, de brique, ramassés dans la même cour, produisaient des actions analogues. L'activité de tous ces corps persistait encore au bout de 4 jours, sans affaiblissement bien sensible. Il est toutefois nécessaire, pour que ces actions se manifestent, que la surface de ces corps soit bien sèche; nous savons, en effet, que la plus mince couche d'eau suffit pour arrêter les rayons N. La terre végétale fut trouvée inactive,

([1]) J'indique de nouveau ici que, d'une manière générale, il y a avantage, dans les expériences sur les rayons N, à remplacer le bec Auer par une lampe Nernst consommant 200 watts.

sans doute à cause de son humidité; des cailloux pris à quelques centimètres au-dessous de la surface du sol étaient inactifs, même après avoir été séchés.

Les phénomènes d'emmagasinement des rayons N qui font l'objet de la présente Note doivent tout naturellement être rapprochés de ceux de la phosphorescence; ils présentent toutefois un caractère tout spécial comme j'ai l'intention de le faire connaître prochainement.

Sur le renforcement qu'éprouve l'action exercée sur l'œil par un faisceau de lumière, lorsque ce faisceau est accompagné de rayons N.

(23 NOVEMBRE 1903.)

En étudiant l'emmagasinement des rayons N par différents corps, j'ai eu l'occasion d'observer un phénomène inattendu. J'avais les yeux fixés sur une petite bande de papier faiblement éclairée, éloignée de moi d'environ 1^m; une brique, dont l'une des faces avait été insolée, ayant été approchée latéralement du faisceau lumineux, la face insolée tournée vers moi et à quelques décimètres de mes yeux, je vis la bande de papier prendre un plus grand éclat; lorsque j'éloignais la brique, ou lorsque je tournais vers moi la face non insolée, le papier s'assombrissait. Afin d'écarter toute possibilité d'illusion, je disposai à demeure une boîte fermée par un couvercle et revêtue de papier noir : c'est dans cette boîte complètement close que l'on plaçait la brique, et, de cette façon, le fond obscur sur lequel la bande de papier se détachait demeurait rigoureusement invariable; l'effet observé resta le même. L'expérience peut être variée de différentes manières : par exemple, les volets du laboratoire étant presque clos et le cadran de l'horloge fixée au mur assez faiblement éclairé pour que, à la distance de 4^m, on l'entrevoie tout juste sous la forme d'une tache grise sans contours arrêtés, si l'observateur, sans changer de place, vient à diriger vers ses yeux les rayons N émis par une brique ou un caillou préalablement insolés, il voit le cadran blanchir, distingue nettement son contour circulaire, et peut même parvenir à voir les aiguilles; lorsque l'on supprime les rayons N, le cadran s'assombrit de nouveau. Ni la production ni la cessation de ce phénomène ne sont instantanées.

Comme, dans ces expériences, l'objet lumineux est placé très loin de la source de rayons N, et comme d'ailleurs, pour que l'expérience réussisse, il faut que ces rayons soient dirigés, non vers cet objet, mais vers l'œil, il s'ensuit qu'il ne s'agit pas ici d'une augmentation de l'émission d'un corps lumineux sous l'influence des rayons N, mais bien du renforcement de l'action reçue par l'œil, renforcement dû aux rayons N qui se joignent aux rayons de lumière.

Ce fait m'étonna d'autant plus que, comme la moindre couche d'eau arrête les rayons N, il semblait invraisemblable qu'ils pussent pénétrer dans l'œil, dont les humeurs renferment plus de 98,6 pour 100 d'eau (Lohmeyer) : il fallait que la petite quantité de sels contenue dans ces humeurs les rendît transparentes pour les rayons N. Mais alors de l'eau salée devait, selon toute probabilité, être elle-même transparente; l'expérience prouve qu'elle l'est en effet : tandis qu'une feuille de papier mouillé arrête totalement les rayons N, l'interposition d'un vase en verre de Bohême de 4^{cm} de diamètre, rempli d'eau salée, les laisse passer sans affaiblissement sensible. Une très faible quantité de chlorure de sodium suffit pour rendre l'eau transparente.

Il y a plus : l'eau salée emmagasine les rayons N, et, dans les expériences décrites plus haut, on peut remplacer la brique par un vase en verre mince, rempli d'eau salée, et préalablement insolé : l'effet est très marqué. Il est bien dû à l'eau salée, car le vase vide n'en produit aucune. C'est là un exemple unique d'un phénomène de phosphorescence dans un corps liquide; il est vrai que les longueurs d'onde des rayons N sont très différentes de celles des rayons lumineux, ainsi qu'il résulte de mesures que je compte décrire incessamment.

Un œil d'un bœuf tué de la veille, débarrassé de ses muscles et des tissus adhérents à la sclérotique, se montra transparent pour les rayons N dans toutes les directions, et devenait lui-même actif par l'insolation ; c'est l'emmagasinement des rayons N par les milieux de l'œil qui est la cause des retards observés tant à l'établissement qu'à la cessation des phénomènes qui font l'objet de la présente Note.

L'eau de la mer et les pierres exposées au rayonnement solaire emmagasinent des rayons N qu'elles restituent ensuite. Il est possible que ces actions jouent dans certains phénomènes terrestres un rôle resté jusqu'ici inaperçu. Peut-être aussi les rayons N ne sont-ils pas sans influence sur certains phénomènes de la vie animale ou végétale.

Voici encore quelques observations relatives au renforcement des rayons lumineux par les rayons N.

Il suffit, pour que ce phénomène se produise, que les rayons N atteignent l'œil n'importe comment, même latéralement; ceci semble indiquer que l'œil de l'observateur se comporte comme un accumulateur de rayons N, et que ce sont les rayons accumulés dans les milieux de l'œil qui viennent agir sur la rétine conjointement avec les rayons lumineux.

Il importe peu dans ces expériences que les rayons N soient émis par un corps préalablement insolé, ou que ce soient des rayons primaires, produits par exemple par une lampe Nernst.

L'hyposulfite de soude, soit à l'état solide, soit dissous dans l'eau, constitue un puissant accumulateur de rayons N.

Sur la propriété d'émettre des rayons N, que la compression confère à certains corps, et sur l'émission spontanée et indéfinie de rayons N par l'acier trempé, le verre trempé, et d'autres corps en état d'équilibre moléculaire contraint.

(7 DÉCEMBRE 1903.)

M. le Professeur A. Charpentier ayant bien voulu me tenir au courant de recherches d'ordre physiologique qu'il poursuit actuellement concernant les rayons N, recherches inédites qui promettent des résultats d'un haut intérêt (**11**), ces expériences firent naître en moi l'idée d'examiner si certains corps n'acquerraient pas par la compression la propriété d'émettre des rayons N. A cet effet, je comprimai, au moyen d'une presse de menuisier, des morceaux de bois, de verre, de caoutchouc, etc., et je constatai immédiatement que ces corps étaient en effet devenus *pendant la compression* des sources de rayons N : approchés d'une petite masse de sulfure de calcium phosphorescent ils en augmentent l'éclat, et ils peuvent aussi servir à répéter les expériences qui montrent le renforcement qu'éprouve l'action exercée sur la rétine par la lumière lorsque des rayons N viennent agir en même temps sur l'œil.

Ces dernières expériences peuvent se faire très simplement : les volets d'une chambre ayant été fermés de façon à laisser juste assez de lumière pour qu'une surface blanche se détachant sur un fond sombre, par exemple le cadran d'une horloge, apparaisse à l'observateur situé à 4^m ou 5^m comme une tache grise sans contours arrêtés, si, une canne étant placée en avant des yeux, on vient à la plier, on voit la surface grise blanchir; si on laisse la canne se redresser, la surface redevient sombre. Au lieu de la canne, on peut employer une lame de verre, que l'on fléchit, soit à l'aide de la presse dont on se sert pour montrer dans les cours que le verre devient biréfringent par la flexion, soit simplement avec les mains. Avec un degré d'éclairement convenable, que l'on obtient par quelques tâtonnements, ces phénomènes sont aisément visibles. Ils ne sont pas instantanés, j'en ai donné précédemment la raison ; il importe absolument de tenir compte de ce retard quand on veut étudier ces phénomènes; c'est lui sans doute qui est cause qu'ils n'ont pas été aperçus depuis longtemps.

Je fus alors conduit à me demander si les corps qui sont d'eux-mêmes dans un état d'équilibre interne contraint n'émettraient pas de rayons N. C'est ce que l'expérience démontre en effet : les larmes bataviques, l'acier trempé, le laiton écroui par le martelage, du soufre fondu à structure cristalline, etc. sont des sources *spontanées et permanentes* de rayons N. On peut par exemple répéter les expériences du cadran d'horloge en employant, au lieu du corps comprimé, un outil d'acier trempé, tel qu'un burin ou une lime, ou même un couteau de poche, sans les comprimer ni les plier aucunement; de même, il suffit d'approcher d'une petite masse de sulfure de calcium phosphorescent une lame de couteau ou un morceau de verre trempé pour en augmenter la phosphorescence. L'acier non trempé est sans action : un burin que l'on trempe et détrempe successivement est actif quand il est trempé et inactif quand il est détrempé. Ces actions traversent sans affaiblissement notable une plaque d'aluminium épaisse de $1^{cm},5$, un madrier de chêne épais de 3^{cm}, du papier noir, etc.

L'émission des rayons N par l'acier trempé paraît avoir une durée indéfinie : des outils de tour et une marque à cuirs datant du XVIIIe siècle, conservés dans ma famille et n'ayant certainement pas été trempés de nouveau depuis l'époque de leur fabrication, émettent des rayons N comme l'acier récemment trempé. Un couteau provenant d'une sépulture gallo-romaine située sur le territoire de Craincourt (Lorraine) et datant de l'époque mérovingienne, ainsi que l'attestent les objets que l'on y a trouvés (vases de verre et de terre, fibules, boucle de ceinturon, glaive dit *scramasax*, etc.) émet des rayons N tout autant qu'un couteau moderne. Ces rayons proviennent exclusivement de la lame; l'essai à la lime a montré qu'en effet la la lame seule est trempée et que la soie qui était destinée à être fixée dans un manche ne l'est pas ([1]). L'émission des rayons N par cette lame d'acier trempé persiste ainsi depuis plus de douze siècles et ne paraît pas s'être affaiblie.

La spontanéité et la durée indéfinie de l'émission de l'acier évoquent l'idée d'un rapprochement avec les propriétés radiantes de l'uranium, découvertes par M. H. Becquerel, et que les corps découverts depuis par M. et Mme Curie : radium, polonium, etc., présentent avec tant d'intensité. Toutefois, les rayons N sont certainement des radiations spectrales : ils sont émis par les mêmes sources que ces radiations, se réfléchissent, se réfractent, se polarisent, possèdent des longueurs d'onde bien déterminées, que j'ai mesurées. L'énergie que représente leur émission est vraisemblablement empruntée à l'énergie potentielle qui correspond à l'état contraint de l'acier trempé : cette dépense

---

([1]) Les Gaulois primitifs semblent ne pas avoir connu l'acier, car, au rapport de Polybe, leurs épées de fer ne piquaient pas et se pliaient dans les combats dès les premiers coups. Le couteau dont il s'agit ici est d'origine Gallo-Romaine, et les Gallo-Romains avaient sans doute appris des Romains à fabriquer l'acier et à le tremper.

est sans doute extrêmement faible, puisque les effets des rayons N le sont eux-mêmes, et cela explique la durée en apparence illimitée de l'émission.

Une lame de fer, que l'on plie de façon à lui imprimer une déformation permanente, émet des rayons N, mais l'émission cesse au bout de quelques minutes. Un bloc d'aluminium que l'on vient de marteler se comporte d'une manière analogue, mais la durée de l'émission est beaucoup plus courte encore. Dans ces deux cas, l'état de contrainte moléculaire est passager, et l'émission des rayons N l'est aussi.

La torsion produit des effets analogues à ceux de la compression.

Sur la dispersion des rayons N et sur leur longueur d'onde.

(18 JANVIER 1904.)

Je me suis servi pour étudier la dispersion et les longueurs d'onde des rayons N de méthodes toutes pareilles à celles que l'on emploie pour la lumière. Afin d'éviter des complications qui auraient pu résulter de l'emmagasinement des rayons N, je me suis servi exclusivement de prismes et de lentilles en aluminium, substance qui n'emmagasine pas ces rayons.

Voici la méthode employée pour étudier la dispersion. Les rayons sont produits par une lampe Nernst renfermée dans une lanterne de tôle percée d'une fenêtre close par une feuille d'aluminium; les rayons émis par la lampe à travers cette fenêtre sont tamisés par une planche de sapin épaisse de 2^{cm}, une seconde feuille d'aluminium et deux feuilles de papier noir, afin d'éliminer toute radiation étrangère aux rayons N; devant ces écrans, et à la distance de 14^{cm} du filament de la lampe, est disposé un grand écran de carton mouillé, dans lequel a été pratiquée une fente de 5^{mm} de largeur sur $3^{cm},5$ de hauteur, exactement vis-à-vis le filament de la lampe : on a ainsi un faisceau bien défini de rayons N; ce faisceau est reçu sur un prisme d'aluminium dont l'angle réfringent est de $27^{\circ}15'$ et dont l'une des faces est disposée normalement au faisceau incident.

On peut alors constater que de l'autre face réfringente du prisme sortent plusieurs faisceaux de rayons N dispersés horizontalement : à cet effet, une fente de 1^{mm} de largeur et de 1^{cm} de hauteur, pratiquée dans une feuille de carton, est remplie de sulfure de calcium rendu phosphorescent; en déplaçant cette fente, on détermine sans difficulté la position des faisceaux dispersés, et, connaissant leurs déviations, on en déduit leurs indices : c'est la méthode de Descartes. J'ai constaté ainsi l'existence de radiations N dont les indices sont respectivement 1,04; 1,19; 1,29; 1,36; 1,40; 1,48; 1,68; 1,85. Dans le but de mesurer avec plus d'exactitude les deux premiers indices, je me suis servi d'un autre prisme en aluminium, ayant un angle de 60° : j'ai retrouvé pour l'un des indices la même valeur 1,04 et pour l'autre 1,15 au lieu de 1,19.

Afin de contrôler les résultats obtenus au moyen du prisme, j'ai déterminé les indices en produisant, au moyen d'une lentille d'aluminium, les images du filament de la lampe, et mesurant leur distance à la lentille. Cette lentille, plan convexe, a un rayon de courbure de 6^{cm},63 et une ouverture de 6^{cm},8. La fente de l'écran de carton mouillé est élargie de manière à former une ouverture circulaire de 6^{cm} de diamètre; la lentille est disposée à une distance connue, p centimètres, du filament incandescent, et l'on recherche, à l'aide du sulfure phosphorescent, la position des images conjuguées du filament. Le Tableau suivant donne les valeurs des indices trouvés, tant à l'aide des prismes qu'à l'aide de la lentille :

Prismes		Lentilles		
de 27°15'.	de 60°.	$p = 40$.	$p = 30$.	$p = 22$.
1,85	»	1,86	1,91	1,91
1,68	»	1,67	1,66	6,67
1,48	»	6,50	1,44	1,48
1,40	»	1,42	1,42	1,43
1,36	»	1,36	1,36	1,37
1,29	»	1,36	1,31	»
1,19	1,15	1,20	»	»
1,04	1,04	»	»	»

Voici encore une vérification de ces résultats : Si l'on adopte pour le quatrième indice la valeur moyenne 1,42, on calcule que, pour un prisme en aluminium de 60°, l'incidence qui donne la déviation minimum est 45°19′ et que cette déviation est 30°38′; la déviation observée a été 31°10′. Avec la même incidence, la déviation calculée de la radiation, dont l'indice est 1,5, est 37°20′; la déviation observée a été 36°. Avec la même incidence, la déviation calculée de la radiation, dont l'indice est 1,67, est 57°42′; la déviation observée a été 56°30′.

Je passe maintenant à la détermination des longueurs d'onde.

A l'aide de la disposition décrite plus haut pour étudier la dispersion par le prisme de 27°15′, on obtient des faisceaux réfractés dont chacun est sensiblement homogène. En faisant tomber celui de ces faisceaux que l'on se propose d'étudier sur un second écran de carton mouillé percé d'une fente ayant $1^{mm},5$ de largeur, on isole une portion très étroite de ce faisceau.

D'autre part, à l'alidade mobile d'un goniomètre on a fixé une feuille d'aluminium de manière que son plan soit normal à cette alidade; dans cette feuille est pratiquée une fente large seulement de $\frac{1}{15}$ de millimètre et garnie de sulfure de calcium phosphorescent; le goniomètre est disposé de façon que son axe soit exactement au-dessous de la fente du second carton mouillé. En faisant tourner l'alidade, on repère exactement le trajet du faisceau, et l'on peut constater qu'il est bien unique et n'est accompagné d'aucun faisceau latéral, tel que pourrait en produire éventuellement la diffraction dans le cas de grandes longueurs d'onde.

On place alors un réseau devant la fente du second carton mouillé (par exemple un réseau de Brunner au $\frac{1}{200}$ de millimètre); si maintenant on explore le faisceau sortant en faisant tourner l'alidade qui porte le sulfure phosphorescent, on constate l'existence d'un système de franges de diffraction, tout comme avec la lumière; seulement ces franges sont beaucoup plus serrées et sont sensiblement équidistantes : cela indique déjà que les rayons N ont des longueurs d'onde beaucoup plus courtes que celles des radiations lumineuses.

L'écart angulaire des franges ou, ce qui revient au même, la rotation de l'alidade correspondant au passage de la fente phosphorescente d'une frange brillante à la suivante, étant un très petit angle, on le détermine par la méthode de réflexion, à l'aide d'une règle divisée et d'une lunette, un miroir plan étant collé à l'alidade. De plus, on mesure, non pas l'écart de deux franges consécutives, mais celui de deux franges symétriques d'un ordre élevé, par exemple, de la dixième frange à droite et de la dixième frange à gauche. De ces mesures d'angles et du nombre de traits du réseau par millimètre, on déduit des longueurs d'onde en appliquant la formule connue.

Chaque longueur d'onde a été déterminée par trois séries de mesures effectuées avec trois réseaux ayant respectivement 200, 100 et 50 traits par millimètre.

Le Tableau suivant contient les résultats de ces mesures :

	Longueurs d'onde.			
	Réseau employé			Valeurs probables déduites des précédentes.
Indices.	au $\frac{1}{200}$ de millim.	au $\frac{1}{100}$ de millim.	au $\frac{1}{50}$ de millim.	
	μ	μ	μ	μ
1,04...	0,00813	0,00795	0,00839	0,00815
1,19...	0,0093	0,0102	0,0106	0,0099
1,4....	0,0117	»	»	9,0117
1,68...	0,0146	»	»	0,0146
1,85...	0,0176	0,0171	0,0184	0,0176

Désireux de contrôler ces déterminations par l'emploi d'une méthode toute différente, j'ai eu recours aux anneaux de Newton. Ces anneaux étant produits, en lumière jaune par exemple, si l'on passe d'un anneau sombre au suivant, la variation de retard optique dans la lame d'air est d'une longueur d'onde du jaune. Si, maintenant, avec le même appareil et avec la même incidence, on produit des anneaux au moyen des rayons N, et que l'on compte le nombre de ces anneaux compris dans l'intervalle de deux anneaux sombres en lumière jaune, on aura le nombre de fois qu'une longueur d'onde des rayons N est contenue dans la longueur d'onde du jaune. Cette méthode, appliquée aux rayons d'indice 1,04, a donné pour longueur d'onde $0^{\mu},0085$ au lieu de $0^{\mu},0081$ trouvé à l'aide des réseaux, et pour l'indice 1,85 la valeur $0^{\mu},017$ au lieu de $0^{\mu},0176$. Bien que la méthode des anneaux soit inférieure à celle des réseaux, à cause de l'incertitude qui règne sur la position exacte des anneaux sombres dans l'expérience optique en raison de la nécessité de rendre ces anneaux extrêmement larges, la concordance des nombres obtenus par les deux méthodes constitue un contrôle précieux.

Dans le Tableau donné plus haut j'ai laissé subsister toutes les décimales qui se sont présentées dans le calcul des nombres déduits de l'observation. Bien que je ne puisse indiquer avec certitude le degré d'approximation des résultats, je crois cependant que les erreurs relatives n'atteignent pas 4 pour 100.

Les longueurs d'onde des rayons N sont beaucoup plus petites que celles de la lumière, contrairement à ce que je m'étais figuré un instant, et contrairement aux déterminations que M. Sagnac avait cru pouvoir tirer de la situation des images multiples d'une source par une lentille de quartz, images qu'il attribuait à la diffraction. J'avais observé précédemment que, tandis que le mica poli laisse passer les rayons N, le mica dépoli les arrête, et aussi que, tandis que le verre poli les réfléchit régulièrement, le verre dépoli les diffuse : ces faits indiquaient déjà que les rayons N ne pouvaient avoir de grandes longueurs d'onde. Quand on veut étudier la transparence d'un corps, il faut avoir soin que sa surface soit bien polie : c'est ainsi que j'avais d'abord classé le sel gemme parmi les substances opaques, parce que l'échantillon dont je me servais, ayant été scié dans un gros bloc, était resté dépoli : le sel gemme est en réalité transparent.

Les radiations de longueur d'onde très courtes découvertes par M. Schumann sont fortement absorbées par l'air; les rayons N ne le sont pas : cela implique l'existence de bandes d'absorption entre le spectre ultra-violet et les rayons N. La longueur d'onde des rayons N augmente avec leur indice, contrairement à ce qui a lieu pour les radiations lumineuses.

Si l'augmentation de l'éclat d'une petite source lumineuse par l'action des rayons N doit être attribuée à une tran[illegible]rmation de ces radiations en radiations lumineuses, cette transformation est conforme à la loi de Stokes.

Enregistrement, au moyen de la photographie, de l'action produite par les rayons N sur une petite étincelle électrique.

(22 FÉVRIER 1904.)

Bien que les rayons N ne produisent pas par eux-mêmes d'action photographique, il est néanmoins possible d'utiliser la photographie pour déceler leur présence et pour étudier leurs actions. On y parvient, comme je l'ai indiqué dès le 11 mai 1903, en faisant agir pendant un temps déterminé une petite source lumineuse sur une plaque sensible, tandis que cette source est soumise à l'action des rayons N, puis répétant l'expérience pendant le même temps et dans des conditions identiques à cela près que les rayons N sont supprimés : l'impression produite est notablement plus intense dans le premier cas que dans le second. Comme exemple de l'application de cette méthode, j'ai donné à cette époque deux photogravures dont la comparaison montre que l'eau, même en couche très mince, arrête les rayons N issus d'un bec Auer [1]. Depuis, j'ai étendu ces expériences à l'enregistrement des actions produites par des rayons N d'origines diverses, et je l'ai perfectionnée comme je vais l'exposer.

---

[1] *Voir* p. 14.

Une petite étincelle électrique est la source lumineuse sensible la plus appropriée à ce genre de recherches : d'une part, en effet, elle est très actinique, et, d'autre part, on peut la maintenir, aussi longtemps qu'il est nécessaire, à la même intensité. Bien qu'il soit impossible d'obtenir une invariabilité absolue dans l'éclat de l'étincelle, comme ces petites variations se produisent d'une manière non systématique, leur influence doit

Fig. 1.

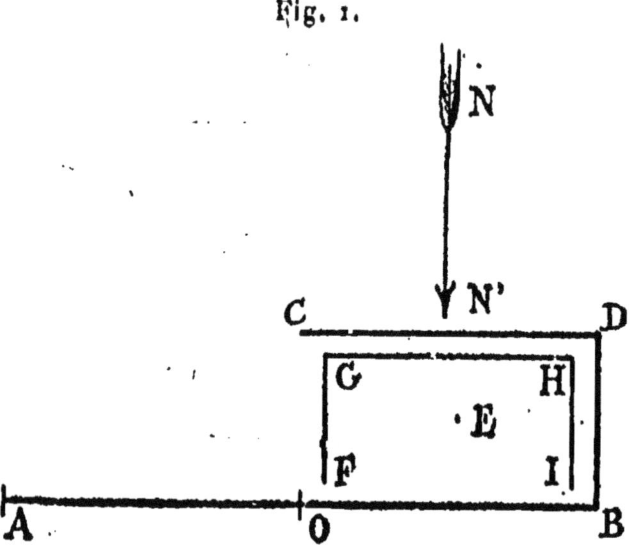

disparaître dans l'impression totale reçue par la plaque au bout d'un temps de pose même fort court; j'ai pu d'ailleurs éliminer d'une manière plus complète encore cette cause de perturbation, par un croisement réitéré des expériences, ainsi que je vais l'expliquer.

La figure 1 représente une coupe horizontale de

l'appareil employé. AB est la plaque photographique ayant 13cm de largeur; E est l'étincelle, renfermée dans une boîte de carton FGHI, ouverte seulement du côté de la plaque, et ne permettant à l'étincelle d'agir que sur la moitié OB de celle-ci; CD est un écran en plomb revêtu de papier mouillé, et solidaire du châssis qui contient la plaque. Les rayons N, provenant d'une source quelconque, forment un faisceau ayant la direction

Fig. 2.

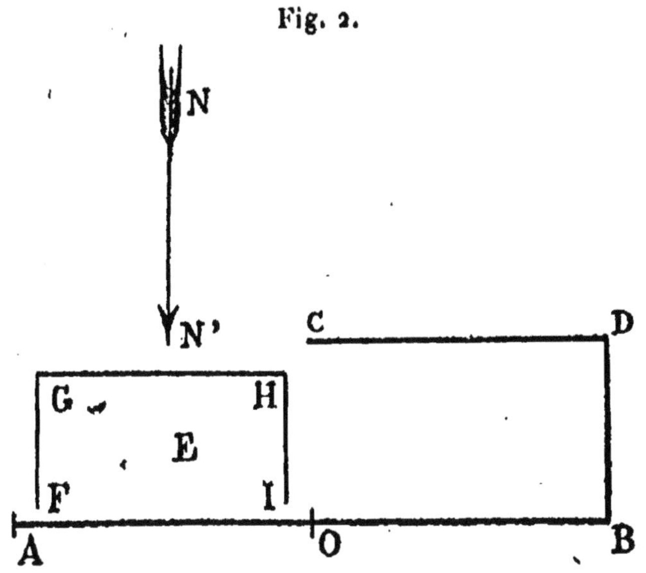

et le sens NN'. Les choses étant ainsi disposées, les rayons N sont arrêtés par l'écran CD : l'étincelle, pendant qu'elle impressionne la moitié OB de la plaque, est à l'abri des rayons N.

Maintenant, donnons au châssis contenant la plaque une translation vers la droite égale à la moitié de sa largeur (*fig.* 2) : la moitié AO de la plaque prend ainsi la place qu'occupait la moitié OB, et cette fois, l'écran CD, emporté par le châssis dans la translation, n'est plus interposé sur le trajet des rayons N : la moitié AO de la plaque reçoit donc l'action de l'étincelle soumise aux rayons N.

Cela posé, voici l'expérience : maintenons d'abord la plaque dans la première des positions indiquées ci-dessus pendant 5 secondes, puis dans la seconde position, également pendant 5 secondes; ramenons-la à la première position, et recommençons un certain nombre de fois la double opération qui vient d'être décrite.....

Au bout d'un temps égal à un multiple pair de 5 secondes, par exemple au bout de 100 secondes, chacune des moitiés de la plaque aura posé devant l'étincelle pendant des temps égaux; seulement, pendant que AO posait, il y avait des rayons N et, pendant que OB posait, il n'y en avait pas.

Grâce à un agencement de guides et de butoirs, la manœuvre de va-et-vient du châssis peut être exécutée avec une sûreté et une régularité parfaites, malgré l'obscurité; un métronome sert à en régler le rythme.

L'étincelle a été produite par une petite bobine d'induction, dite *appareil à chariot* de du Bois-Reymond; elle éclate entre deux pointes mousses de platine iridié, soigneusement travaillées et polies; ces pointes sont fixées aux deux branches d'une pince en bois que l'élasticité tend à fermer et qu'une vis micrométrique permet d'écarter. A une distance d'environ 2^{cm} de l'étincelle, et faisant face à la plaque, est fixée une lame de verre dépoli : comme je l'ai indiqué précédemment, la lumière de l'étincelle produit sur ce verre dépoli une tache éclairée étendue, beaucoup plus facile à observer que l'étincelle nue, et donnant sur la plaque photographique des impressions d'une forme plus régulière. Le réglage de l'étincelle est la partie délicate de l'expérience. Il faut d'abord régler le courant induit, en modifiant, d'une part le courant inducteur, et d'autre part la position de la bobine induite, jusqu'à ce que l'étincelle soit très faible; on lave les pointes à l'alcool, puis on fait passer entre elles une feuille de papier sec, pour les essuyer et repolir leur surface; on agit ensuite sur la vis de la pince de manière à rendre l'étincelle aussi courte que possible, sans que toutefois les pointes risquent de se toucher au moindre ébranlement fortuit, ce qui la fait disparaître par intermittence.

Par des tâtonnements méthodiques, qui demandent parfois beaucoup de temps et de patience, on parvient à obtenir une étincelle à la fois régulière et extrêmement faible; elle est alors sensible à l'action des rayons N : si l'on dirige sur elle un faisceau de ces radiations, provenant d'une source quelconque, on voit la tache du verre dépoli augmenter d'éclat et d'étendue; en même temps que sa partie centrale devient plus lumineuse, elle s'entoure d'une sorte d'auréole. On peut alors procéder à l'expérience photographique. J'ai fait environ quarante de ces expériences, en employant tour à tour pour produire les rayons N une lampe Nernst, du bois comprimé, de l'acier trempé, des larmes bataviques, etc.; je les ai variées de différentes manières, par exemple, en changeant le côté de l'écran CD, en prenant un écran de zinc transparent pour les rayons N, etc. Plusieurs physiciens éminents, qui ont bien voulu visiter mon laboratoire, en ont été témoins. Sur cette quarantaine d'expériences, il y a eu un insuccès : les rayons N étaient produits par une lampe Nernst, et, au lieu des impressions inégales attendues, on obtint deux images sensiblement égales; je crois que cet insuccès, unique du reste, doit être attribué à un réglage insuffisant de l'étincelle, laquelle, sans doute, n'était pas sensible. La figure donne une reproduction par la photogravure des épreuves obtenues avec des rayons N produits par une lampe Nernst.

La figure 4 donne de même le résultat d'une expérience avec des rayons N produits par deux grosses limes.

Bien que les photogravures soient loin de rendre d'une façon satisfaisante l'aspect des clichés originaux, elles montrent néanmoins l'influence des rayons N sur l'impression photographique.

Fig. 3.

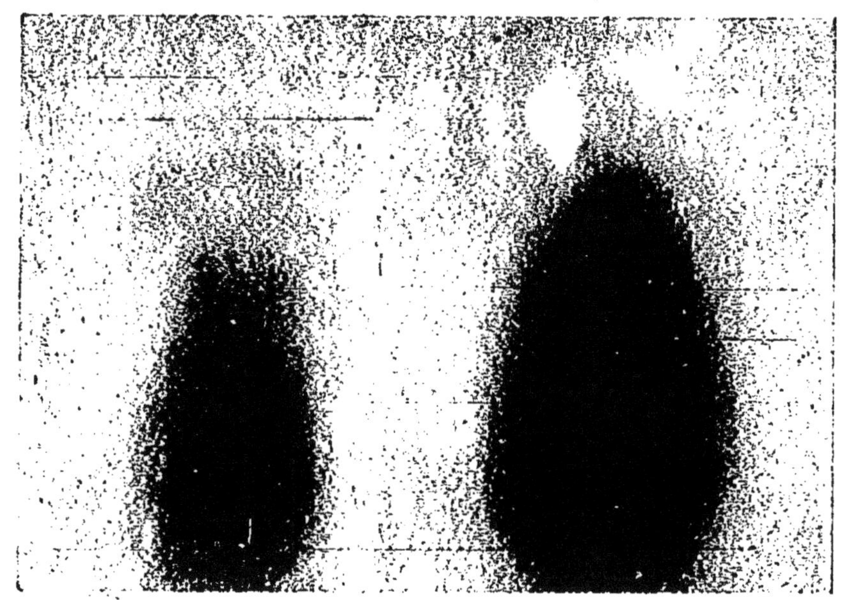

Sans rayons N. | Avec rayons N, produits par deux grosses limes.

Fig. 5.

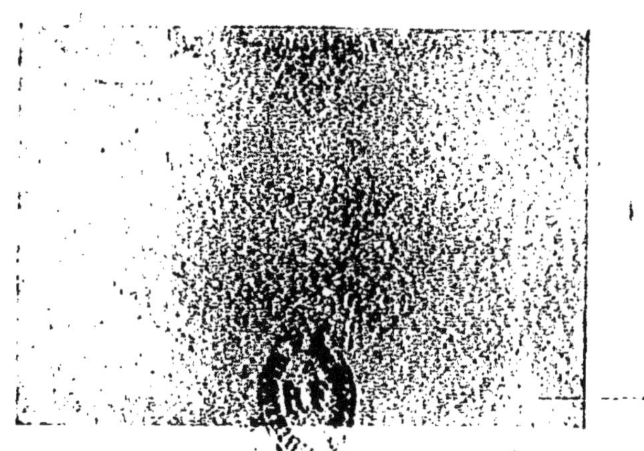

La longueur de l'étincelle étant perpendiculaire à l'axe du tube.

Fig. 4.

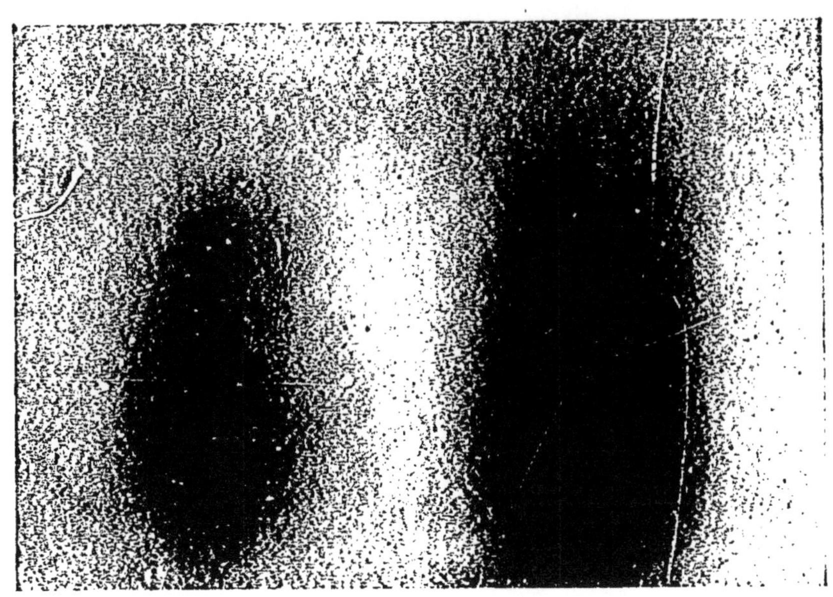

Sans rayons N. | Avec rayons N, provenant d'une lampe Nernst.

Fig. 5.

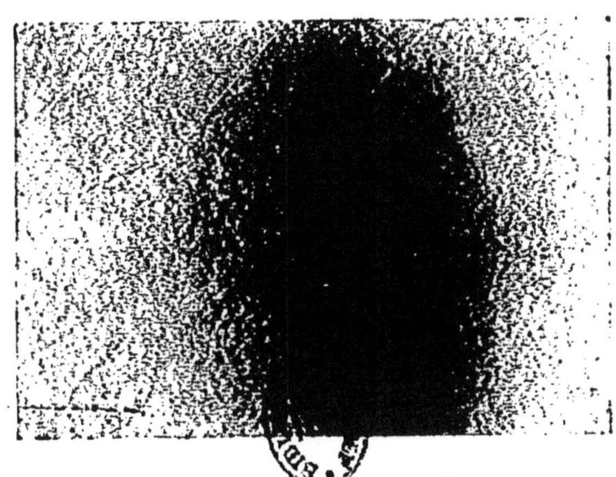

L'étincelle étant parallèle au tube.

N. B. — *Les stries et la plupart des taches des figures n'existent pas sur les photographies originales; elles proviennent de l'insuffisance de la photogravure pour rendre les images de cette nature.*

Je donne encore (*fig.* 5) la reproduction de photographies montrant que les rayons N issus d'un tube de Crookes sont polarisés.

Ces photographies datent du mois d'avril 1903; on n'a pas employé pour les exécuter la méthode du croisement réitéré des poses, laquelle s'appliquerait difficilement à ce cas, mais les expériences ont été répétées un très grand nombre de fois avec les précautions le plus minutieuses, et la constance des résultats en garantit absolument la valeur.

D'après ma Communication du 11 mai 1903, et d'après ce qui précède, on voit que, dès le début de mes recherches sur les rayons N, j'étais parvenu à enregistrer leur action sur l'étincelle par une méthode objective.

Sur une nouvelle espèce de rayons N.

(29 FÉVRIER 1904.)

Des observations faites au cours d'une expérience très complexe, et dont je dois la communication à M. le D[r] Th. Guilloz, m'amenèrent à soupçonner qu'il devait exister une variété de rayons N qui, au lieu d'augmenter l'éclat d'une source lumineuse faible, diminueraient au contraire cet éclat. J'entrepris de rechercher des rayons de cette nature parmi ceux qu'émet une lampe Nernst. Lorsque, antérieurement, j'avais étudié le spectre de cette émission dispersée par un prisme d'aluminium, je n'avais pas rencontré de telles radiations; je pensai, en conséquence, qu'il y avait lieu d'étudier de nouveau, plus minutieusement encore, la région très peu déviée du spectre. En explorant cette région à l'aide d'une fente étroite garnie de sulfure de calcium phosphorescent, je constatai sans difficulté que, dans certains azimuts, l'éclat de la fente diminuait sous l'action des rayons et augmentait au contraire quand on les interceptait à l'aide d'un écran mouillé : c'étaient bien les radiations cherchées; je les appellerai rayons N_1.

Le prisme en aluminium de 27°15′ dont je m'étais servi antérieurement suffit déjà pour ces expériences; toutefois, afin d'augmenter la dispersion, j'ai employé un prisme en aluminium de 60°, puis un autre de 90°. A l'aide de ce dernier, j'ai étudié avec grand soin la région très peu déviée du spectre : le prisme était orienté de manière que l'angle d'incidence fût de 20°; pour chaque radiation, l'on mesurait la déviation et l'on en réduisait l'indice; puis l'on déterminait la longueur d'onde à l'aide d'un réseau de Brunner au $\frac{1}{200}$ de millimètre, par le procédé que j'ai décrit précédemment [1]. Le Tableau suivant donne les nombres résultant de cette étude, lesquels ont servi à con-

(1) *Voir* p. 45.

struire le diagramme ci-joint, où l'on a pris pour abscisses les longueurs d'onde, et pour ordonnées les indices diminués de l'unité.

Nature des rayons.	Indices.	Longueurs d'ondes.
		μ
N_1...............	1,004	0,003
N...............	1,0064	0,0048
N_1...............	1,0096	0,0056
N...............	1,011	0,0067
N_1...............	1,0125	0,0074
N...............	1,029	0,0083
N...............	1,041	0,0081

Chacune des divisions marquées sur l'axe des abscisses correspond à $0^{\mu},001$, et chacune des divisions marquées sur l'axe des ordonnées correspond à un excès de l'indice sur l'unité égal à 0,01.

Malgré tout le soin avec lequel les expériences ont été exécutées, les déviations sont si petites et, par conséquent, les indices si voisins de l'unité que le Tableau et le diagramme ne peuvent être regardés que comme une première indication sur l'allure de la dispersion dans la portion très peu déviée du spectre. Une conséquence importante résulte de ces mesures : c'est que les points correspondant aux rayons N et les points correspondant aux rayons N_1 se placent sur une même courbe, aux erreurs d'expériences près. L'étude de radiations moins réfrangibles encore que celles auxquelles je me suis arrêté m'a semblé actuellement impraticable. Afin d'éviter la confusion, j'ai été obligé d'employer une très grande échelle

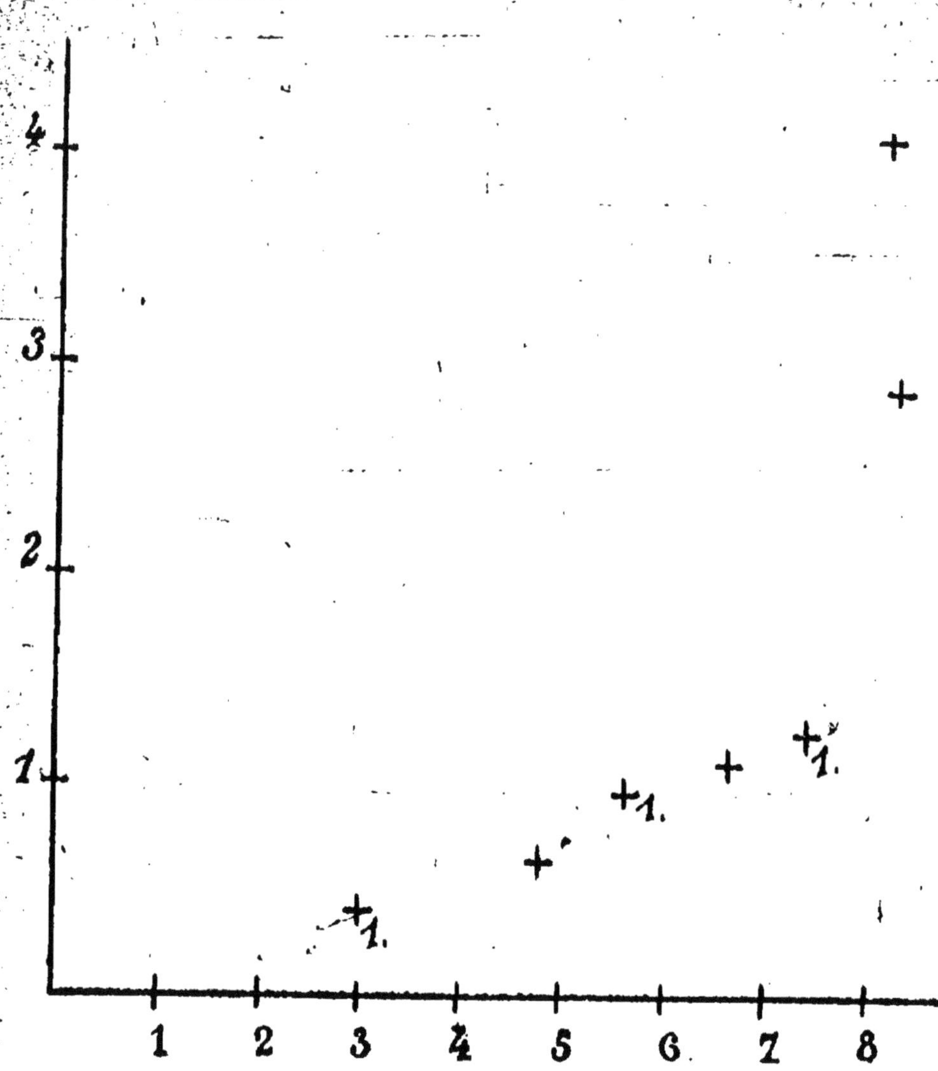

pour les ordonnées; c'est pourquoi je n'ai pu porter sur le diagramme les résultats de mes mesures antérieures concernant les rayons N plus réfrangibles ([1]) : ces résultats donnent des points situés sur une branche de courbe partant du point le plus élevé du diagramme vers la droite, pour s'élever presque verticalement avec une faible inclinaison dirigée de bas en haut et de gauche à droite et une légère convexité tournée vers le haut.

Certaines sources semblent émettre exclusivement des rayons N_1, ou du moins ceux-ci dominent dans leur émission : c'est ce qui a lieu pour les fils de cuivre, d'argent et de platine étiré. M. Bichat a constaté que l'éther éthylique amené à l'état d'extension forcée par le procédé découvert par M. Berthelot émet des rayons N_1 ; lorsque cet état contraint prend fin, soit spontanément, soit sous l'action d'un léger choc, l'émission des rayons N_1 disparaît instantanément.

Les rayons N_1 s'emmagasinent comme les rayons N : il suffit, par exemple, d'approcher un morceau de quartz d'un fil de cuivre tendu pour que le quartz émette ensuite pendant quelque temps des rayons N_1.

Particularités que présente l'action exercée par les rayons N sur une surface faiblement éclairée.

(29 FÉVRIER 1904.)

Soit un écran phosphorescent, ou, plus généralement, une surface faiblement éclairée. Si l'on

---

([1]) *Loc. cit.*

regarde cette surface *normalement*, on constate que l'action des rayons N la rend *plus lumineuse*: mais si, au contraire, on la regarde très obliquement, presque *tangentiellement*; on constate que l'action des rayons N la rend *moins lumineuse* : autrement dit, l'action des rayons N augmente la quantité de lumière émise normalement, tandis qu'elle diminue la quantité de lumière émise très obliquement. Si l'on regarde dans une direction intermédiaire, on ne voit aucun effet appréciable; c'est ce qui explique ce fait, constaté dans toutes les expériences sur les rayons N, que seul l'observateur placé exactement en face de l'écran sensible aperçoit l'effet de ces rayons. Cela montre aussi combien il serait illusoire de chercher à rendre un auditoire témoin de ces expériences : les effets perçus par les différentes personnes, dépendant de leurs positions par rapport à l'écran, seraient forcément contradictoires ou insensibles.

Les rayons que j'ai appelés *rayons* N_1 ont une action inverse en tout de celle des rayons N : ils diminuent la lumière émise normalement et augmentent la lumière émise tangentiellement.

M. Macé de Lépinay a trouvé que les vibrations sonores augmentent l'éclat d'un écran phosphorescent pour un observateur qui le regarde normalement (1); j'ai constaté que, si l'on regarde tangentiellement l'écran, on voit au contraire la

(1) Voir *Comptes rendus*, t. CXXXVIII, p. 77; 11 janvier 1904.

phosphorescence diminuer par l'action des vibrations sonores. Les actions d'un champ magnétique et d'une force électromotrice sur une surface faiblement lumineuse, qui ont été découvertes par M. C. Gutton ([1]), présentent les mêmes particularités.

En résumé, dans toutes les actions mentionnées ci-dessus, la modification éprouvée par l'émission lumineuse consiste en un changement de sa distribution suivant les différentes directions comprises entre la normale et le plan tangent à la surface éclairante.

Actions comparées de la chaleur et des rayons N sur la phosphorescence.

(14 mars 1904.)

J'ai indiqué récemment que, tandis que l'action des rayons N augmente la quantité de lumière émise par un écran phosphorescent dans la direction normale, elle diminue la quantité de lumière émise très obliquement ([2]). Comme on sait, la chaleur agit aussi sur la phosphorescence, dont elle augmente temporairement l'éclat. En recher-

([1]) Voir *Comptes rendus*, t. CXXXVIII, p. 268; 1er février 1904.

([2]) *Voir* p. 64.

chant si cette action de la chaleur offrirait les mêmes particularités que celle des rayons N eu égard à la direction de la lumière émise, j'ai trouvé que, au contraire, la chaleur produit une augmentation d'éclat dans toutes les directions comprises entre la normale et le plan tangent. De là un moyen pour distinguer les effets produits sur la phosphorescence par la chaleur, d'une part, et par les rayons N, les vibrations sonores, les champs magnétique et électrique, d'autre part.

Voici encore un cas où ces effets sont différents. Prenons un écran rectangulaire en carton, ayant, par exemple, 5^{cm} de hauteur et 12^{cm} de longueur, recouvert bien uniformément de sulfure de calcium et rendu médiocrement phosphorescent. Si l'on élève la température d'une portion de l'écran, elle devient plus lumineuse que le reste. Au lieu de cela, faisons tomber sur l'une des moitiés de l'écran un faisceau de rayons N, issus, par exemple, d'une lampe Nernst; son éclat n'éprouve pas d'augmentation appréciable, mais si l'on vient à placer devant cette moitié de l'écran un petit objet opaque, par exemple une petite clef ou une feuille de métal découpée à jour, on le voit se détacher très nettement sur le fond lumineux, tandis que, si on le place sur la moitié qui ne reçoit pas les rayons N, ses contours sont vagues et indécis et semblent même disparaître par instants. En promenant lentement l'objet sur l'écran, son passage de l'une des moitiés à l'autre est rendu visible par le changement de netteté de ses contours. Si, au lieu de regarder l'écran normalement, on l'observe très obliquement, les phénomènes sont renversés. Ces expériences sont frappantes.

NOTES COMPLÉMENTAIRES.

(1). Comme il a été dit dans l'Avertissement, et comme on le verra plus loin (p. 10), les propriétés attribuées dans la présente Note aux rayons X appartiennent, non à ces rayons, mais bien à une nouvelle espèce de rayons à laquelle j'ai donné le nom de *rayons* N. Les expériences sont correctes, et la rectification porte uniquement sur la nature des rayons qui en font l'objet.

(2). Ce que j'attribuais alors aux rayons S est dû, en réalité, à des rayons N diffusés. La rotation du plan de polarisation des rayons N par les substances actives est peut-être très grande, puisque leurs longueurs d'onde sont très petites. Il se peut alors que les angles que j'ai observés ne soient que les restes obtenus en retranchant une ou plusieurs fois 360° des véritables rotations. Pour la même raison, les rotations en sens contraire pourraient n'être qu'apparentes. Toute cette étude reste à faire : il faudrait opérer successivement sur chacun des faisceaux homogènes résultant de la dispersion d'un faisceau de rayons N par un prisme d'aluminium.

L'existence de la polarisation rotatoire magnétique a été reconnue récemment par M. H. Bagard, qui en poursuit l'étude (*Comptes rendus*, t. CXXXVIII, p. 565, 28 février 1904).

(**3**). Le mica dépoli arrête un faisceau de rayons N; ces radiations ne sont pas alors absorbées, mais seulement diffusées, comme dans le cas de la lumière.

(**4**). Le sel gemme est, en réalité, transparent. Ce qui m'avait trompé d'abord, c'est que la lame de sel gemme dont je m'étais servi, ayant été détachée à la scie dans un gros bloc, était restée dépolie. Dans cet état elle était seulement translucide, tant pour les rayons N que pour la lumière : polie à l'aide de papier mouillé, elle devint transparente pour les rayons N et la lumière; dépolie de nouveau, elle redevint translucide.

(**5**). Comme je le dis dans le texte, ces données sommaires sur la transparence de différentes substances devront être complétées par de nouvelles expériences conduites méthodiquement. J'ai reconnu depuis que le cuivre est encore transparent pour les rayons N émis par une lampe Nernst sous l'épaisseur énorme de 65cm; que le verre est, paveillement, très transparent, etc. M. Bichat a étudié la transparence de différents corps : il a, en particulier, constaté que l'opacité d'une lame de plomb est due à ce qu'elle est oxydée et carbonatée superficiellement ; le plomb lui-même laisse passer certaines radiations N (voir *Comptes rendus*, t. CXXXVIII, p. 548, 29 février 1904).

(**6**). *Voir* plus loin dans les Notes des 25 mai et 15 juin 1903.

(**7**). J'ai trouvé depuis que les rayons N ont, au contraire, des longueurs d'onde beaucoup plus courtes que celle de la lumière : *voir* page 45 du présent Volume ma Note du 18 janvier 1904.

(**8**). *Voir* la Note complémentaire (**7**).

(**9**). La phosphorescence peut être intense, à condition de n'être pas à son maximum.

(**10**). Il faut, bien entendu, que la pièce d'or reçoive aussi les rayons N.

(**11**). Ces recherches ont été, depuis, communiquées à l'Académie des Sciences (voir *Comptes rendus*, t. CXXXVII, p. 1049, 24 décembre 1903).

(**12**). D'après quelques expériences que j'ai

faites à l'aide d'une lentille en aluminium sur les rayons issus d'une lame de couteau, ces rayons auraient de très grands indices. M. Charpentier a trouvé que le carton mouillé se laisse traverser par ces rayons. Ces questions sont à étudier.

INSTRUCTION POUR CONFECTIONNER DES ÉCRANS PHOSPHORESCENTS PROPRES A L'OBSERVATION DES RAYONS N.

1° Si l'on se propose seulement de constater la production de rayons N dans des circonstances données, on pourra se servir avantageusement d'un écran phosphorescent obtenu comme il suit. On délaye du sulfure de calcium en poudre dans du collodion étendu d'éther, de façon à former une bouillie très claire; puis, avec un pinceau à lavis, on dépose sur un carton noirci des gouttes de cette bouillie de manière à faire des taches de quelques millimètres de diamètre, voisines les unes des autres : l'écran offre alors l'aspect d'une *étoffe à pois*. Si, après l'avoir exposé à la lumière, on l'examine dans un endroit obscur et en silence, on constatera que quelques-uns des *pois* sont moins lumineux que les autres; la plupart du temps quelques-uns d'entre eux ne paraîtront pas distincts les uns des autres et formeront une sorte de *nébuleuse* confuse et moins visible que le reste. Maintenant, si l'on parle à haute voix ou si l'on siffle, ou si l'on approche du carton soit un couteau, soit une canne que l'on plie légèrement, soit le poing *serré*, etc., on voit tous les pois devenir *distincts et plus lumineux:* la nébuleuse se résout. Lorsque l'on supprime les rayons N, l'écran reprend son aspect primitif.

2° Pour obtenir des écrans étendus uniformément lumineux, on procède comme pour un lavis à l'encre de Chine : avec un pinceau à lavis, on étend, aussi uniformément que possible, une couche de la bouillie de sulfure de calcium et de collodion, rendue extrêmement claire par l'addition d'éther; quand cette couche est sèche, on en étend une seconde, et ainsi de suite, jusqu'à ce que l'écran paraisse bien uniformément lumineux. Le résultat est d'autant meilleur que les couches sont plus faibles et plus nombreuses.

3° Pour mesurer les indices et les longueurs d'onde, je me sers de fentes extrêmement étroites garnies de sulfure de calcium. Deux lames rectangulaires d'aluminium sont appliquées côte à côte sur une planchette, de manière que deux de leurs bords soient contigus; à l'aide d'une lime, on a préalablement enlevé un peu de métal à l'une des plaques, de façon que, lorsqu'elles sont mises en place, elles laissent entre elles une fente longue de 2^{cm} et large seulement de $\frac{1}{15}$ de millimètre, par exemple. Un trou a été percé d'avance dans la planchette, à l'endroit de la fente, de manière que celle-ci soit entièrement libre sur ses deux faces. Les deux lames étant d'abord rapprochées à une petite distance, on introduit entre elles du sulfure de calcium en poudre, puis on les serre l'une contre l'autre et on les maintient à l'aide de vis qui les appliquent contre la planchette : le sulfure comprimé demeure dans la fente ; on enlève l'excédent et l'on obtient ainsi, après insolation, une bande phosphorescente extrêmement étroite.

Comment on doit observer l'action des rayons N.

Il est *indispensable,* dans ces expériences, d'éviter toute *contrainte* de l'œil, tout *effort* de vision, d'accommodation ou autre, et de ne chercher en aucune façon à regarder fixement la source lumineuse dont on veut reconnaître les variations d'éclat. Au contraire, il faut, pour ainsi dire, voir cette source sans la regarder, diriger même vaguement le regard dans une direction voisine. L'observateur doit jouer un rôle exclusivement passif, sous peine de ne rien voir. Le silence doit aussi être gardé autant que possible.

Toute fumée, en particulier celle de tabac, doit être évitée soigneusement, comme susceptible de troubler ou même de masquer entièrement l'effet des rayons N.

Moyennant les précautions qui viennent d'être indiquées, l'observation des rayons N et des phénomènes analogues est accessible à tous, à quelques exceptions près, extrêmement rares, puisque je n'ai encore rencontré que trois ou quatre personnes qui n'aient pu y parvenir.

TABLE DES MATIÈRES.

34715 Paris. — Imprimerie GAUTHIER-VILLARS, quai des Grands-Augustins, 55.

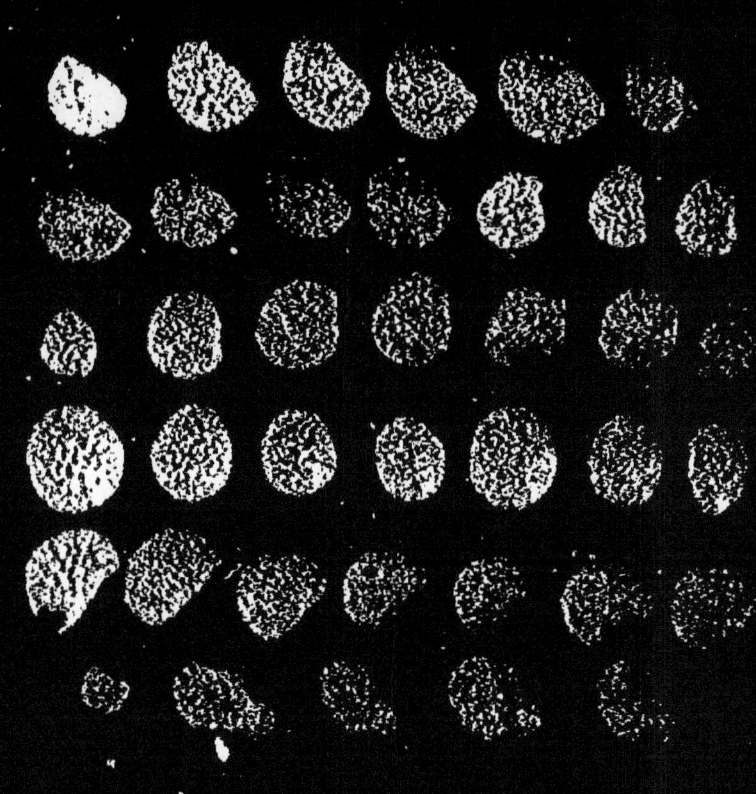

ÉCRAN PHOSPHORESCENT

Pour observer les Rayons N.

(*Voir l'Instruction, p. 73-75.*)

34715 Paris. — Imprimerie GAUTHIER-VILLARS, quai des Grands-Augustins, 55.

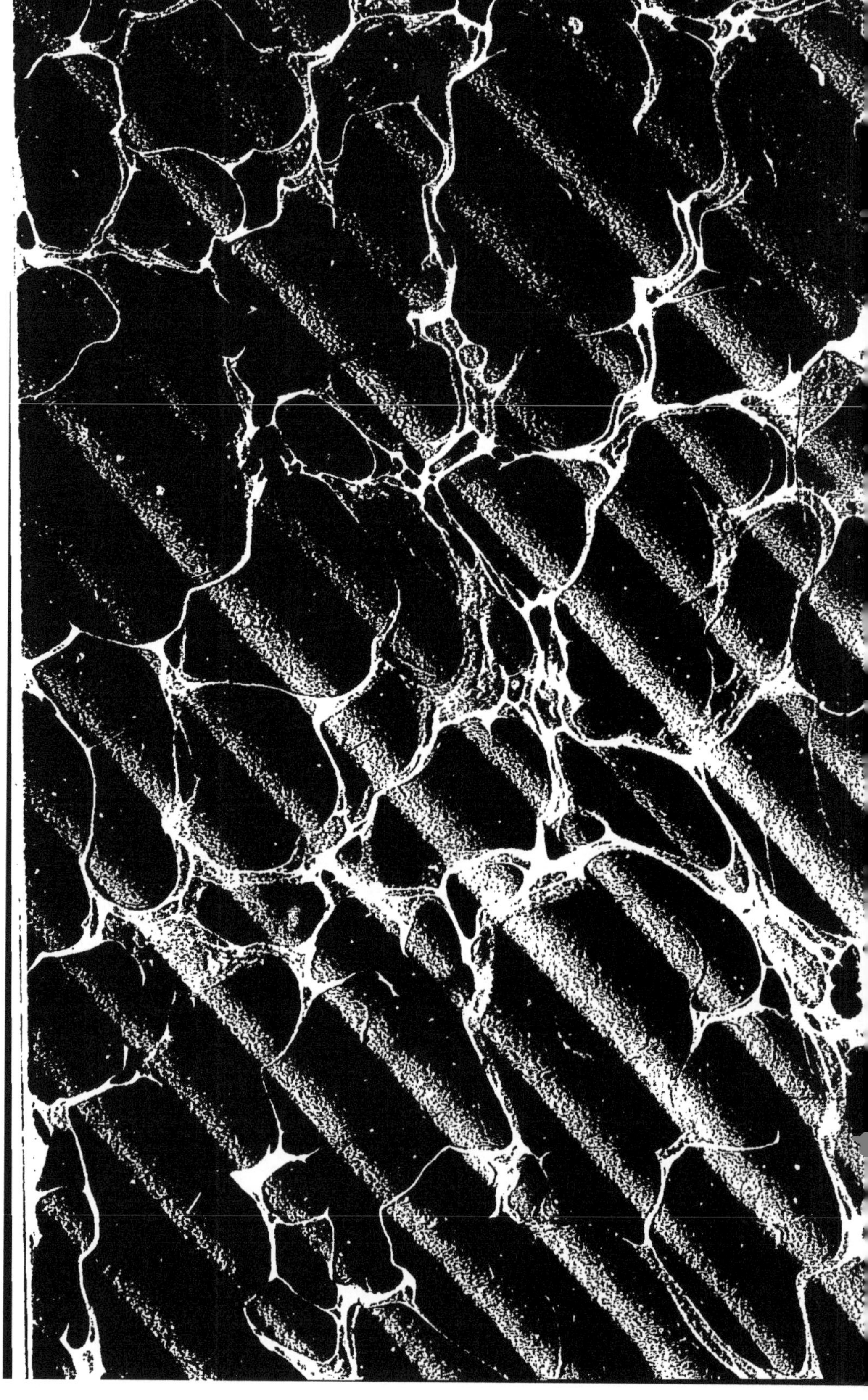

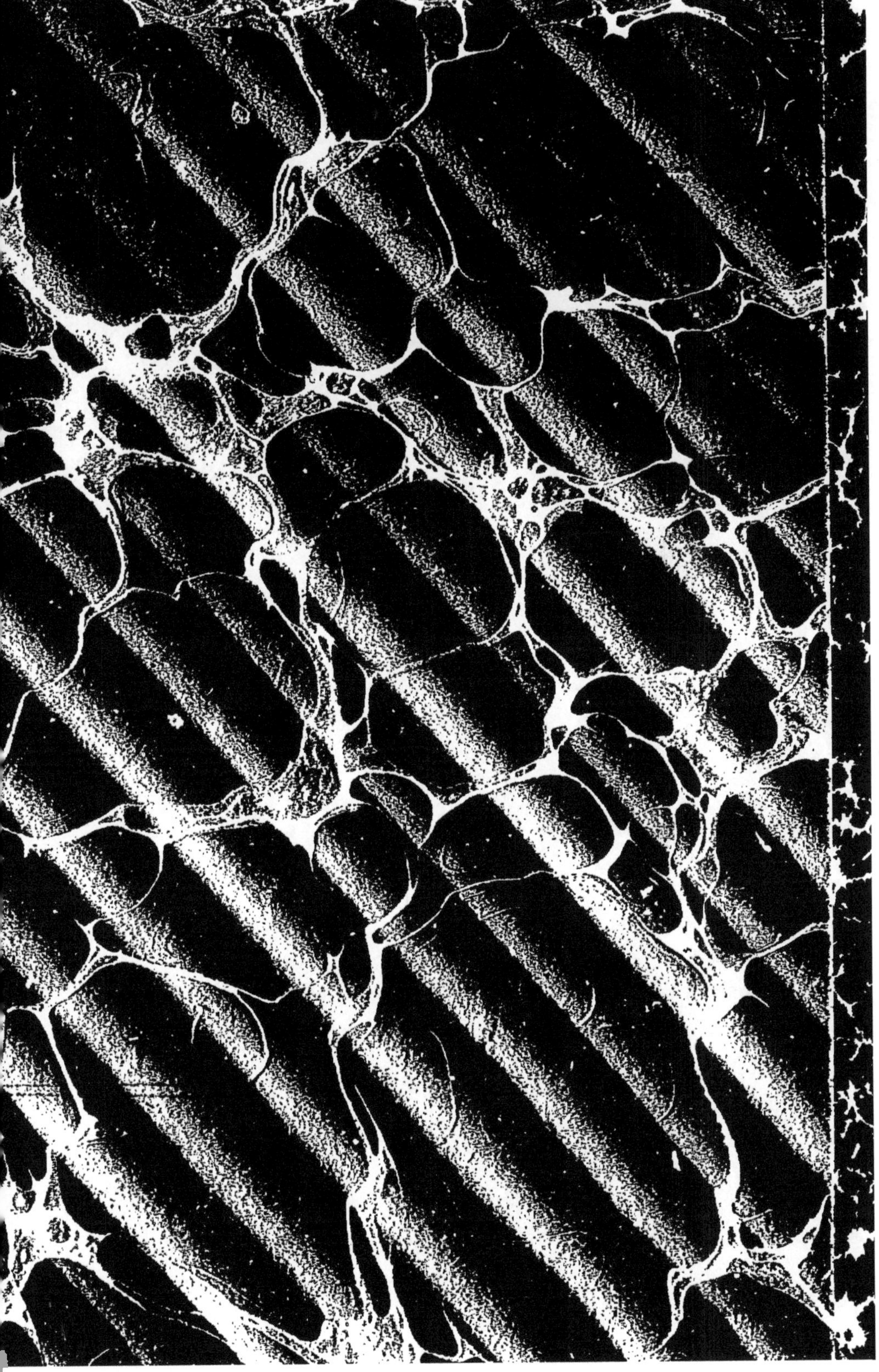

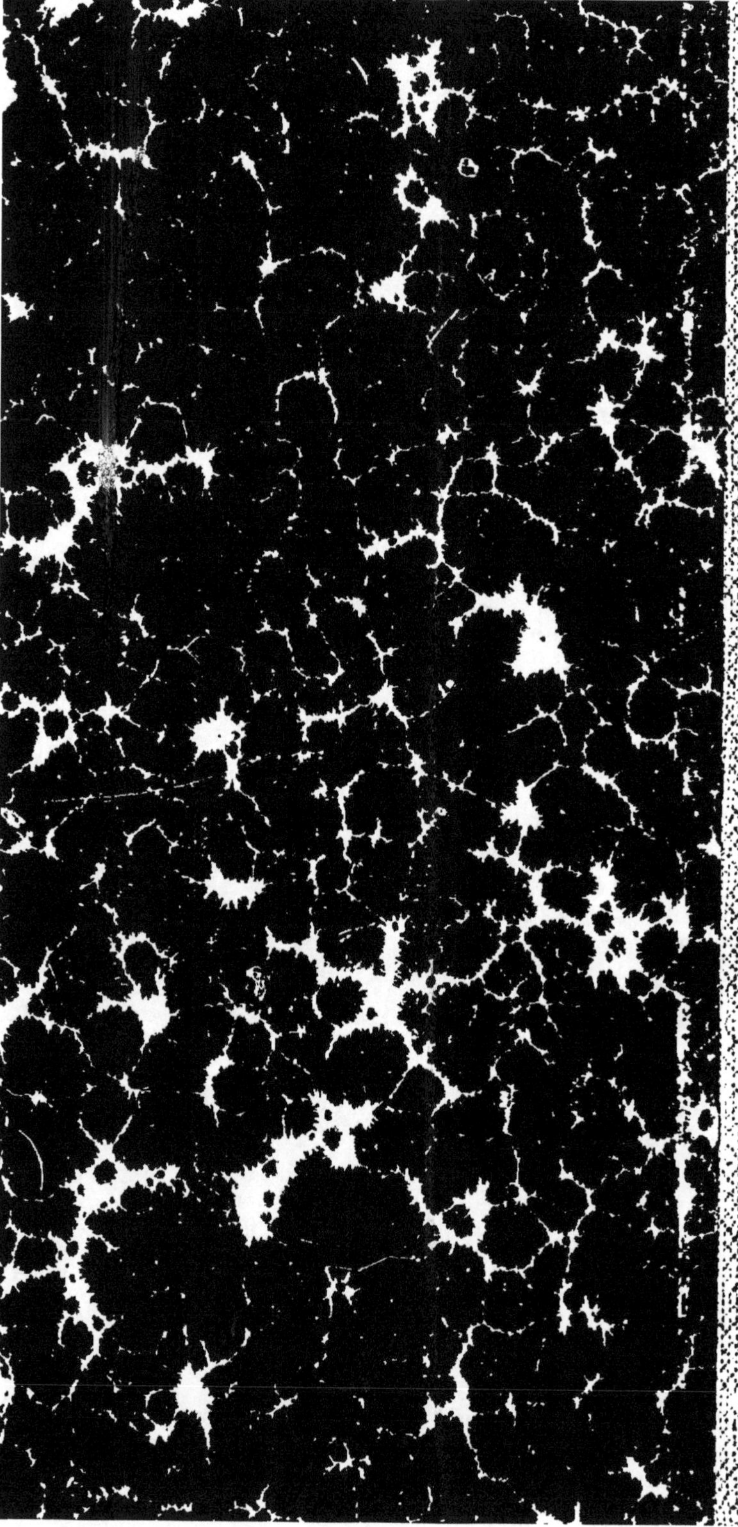

www.ingramcontent.com/pod-product-compliance
Ingram Content Group UK Ltd.
Pitfield, Milton Keynes, MK11 3LW, UK
UKHW020159200726
13856UKWH00003B/1088